天台县职业中等专业学校

和合德育——岗前培训

Pre-service Training

（职业道德篇）

天台县职业中专校本教材编写组

经济管理出版社
ECONOMY & MANAGEMENT PUBLISHING HOUSE

图书在版编目（CIP）数据

和合德育：岗前培训（职业道德篇）/天台县职业中专校本教材编写组.
—北京：经济管理出版社，2016.1
ISBN 978－7－5096－4101－9

Ⅰ.①和… Ⅱ.①天… Ⅲ.①职业道德—中等专业学校—教材
Ⅳ.①B822.9

中国版本图书馆 CIP 数据核字（2015）第 298546 号

组稿编辑：魏晨红
责任编辑：魏晨红
责任印制：黄章平
责任校对：王 淼

出版发行：经济管理出版社
（北京市海淀区北蜂窝 8 号中雅大厦 A 座 11 层 100038）
网 址：www.E－mp.com.cn
电 话：（010）51915602
印 刷：北京市海淀区唐家岭福利印刷厂
经 销：新华书店
开 本：880mm×1230mm/32
印 张：5.25
字 数：146 千字
版 次：2016 年 1 月第 1 版 2016 年 1 月第 1 次印刷
书 号：ISBN 978－7－5096－4101－9
定 价：28.00 元

目　录

第一章　有德者得天下

知耻近乎勇。——孔子

读故事

白方礼感人事迹

一位年逾九旬的病弱老翁，一辆破烂不堪的旧三轮车，一个老人无私奉献的感人情怀，一个二十年助学的惊人神话。

白方礼祖辈贫寒，13 岁起就给人打短工。他从小没念过书，1944 年，因日子过不下去逃难到天津，流浪几年后当上了三轮车夫。靠起早贪黑蹬三轮车糊口度日，经常挨打受骂，遭人欺负，再加上苛捐杂税，终日食不果腹。新中国成立后的白方礼，靠自己的两条腿成了为人民服务的劳动模范，也靠两条腿拉扯大了自己的 4 个孩子，其中 3 个上了大学。同时，他还供养着 20 岁就守寡的姐姐，并支援侄子上了大学。一个不识字的老人，对自己能用三轮车滚出一条汗水之路，把子女培养成大学生感到无比欣慰。老人的儿子回忆说，父亲虽然没文化，但就是喜欢知识，特别喜欢有知识的人，从小就教导他们好好学习，谁要学习不好，他就不高兴。1974 年，白方礼从天津市河北运输场退休后，曾在一家油漆厂补差。1982 年，老人开始从事个体三轮客运。每日早出晚归、辛劳奔波，攒下了一些钱。

1987 年，已经 74 岁的白方礼正准备告别三轮车时，一次回老家的经历使他改变了主意，并重新蹬上三轮，开始了新的生命历程。

“娃儿，大白天的不上学，在地里跑啥?”白方礼在庄稼地里看到一群孩子正在干活，便问。娃儿们告诉这位城里来的老爷爷，他们的大人不让他们上学。这是怎么回事！他找到孩子的家长问这是究竟为啥。家长们说，种田人哪有那么多钱供娃儿们上学。老人一听，心里像灌了铅，他跑到学校问校长，收多少钱让孩子们上得起学？校长苦笑道，一年也就十几元钱的，不过就是真有学生来上学，可也没老师了。老人不解，为嘛没老师？校长说，还不是工资太少，留不住呗。这一夜，老人辗转难眠：家乡那么贫困，就是因为庄稼人没知识。可现今孩子们仍然上不了学，难道还要让家乡一辈辈穷下去不成？其他事都可以，孩子不上学这事不行！

在家庭会议上，白方礼老人当着老伴和儿女们宣布：“我要把以前蹬三轮车攒下的 5000 块钱全部交给老家办教育。这事你们是赞成还是反对都一样，我主意已定，谁也别抬杠了！”别人不知道，可老伴和孩子们知道，这 5000 元钱，是老爷子几十年来存下的“养老钱”呀！随后，老人便分两次将 5000 元捐给了家乡白贯村，建立起一个教育奖励基金会。村里人为了表示谢意，将一块写着“德高望重”的大匾送到了白方礼家。从那以后，老人又蹬上了三轮车。像往常一样，在老爷子出门前，儿女们都要给他备好一瓶水、一块毛巾，一直目送到街尽头。白方礼呢，一切还是那么熟悉，但心里却比过去多装了一样东西，就是孩子们上学的事。

尽管一样蹬车挣钱，白方礼却有自己的“生意经”。张师傅回忆说，白方礼经常在天津站附近拉活，别人拉车是为挣钱养家，而白方礼却连续把劳动所得捐献给公益事业；还特别在他的三轮车上挂起了一幅写着“军烈属半价、老弱病残优待、孤老户义务”字样的小旗，公开宣布对部分乘客实行价格优惠。

1994 年，81 岁高龄的白方礼在一次给某校的贫困生们捐资会上，把整整一个寒冬挣来的3000 元钱交给了学校，校领导代表全校300 余名贫困生向他致敬。老人一听这话，思忖起来：现今家里缺钱上学的孩子这么多，光靠我一个人蹬三轮车救不了几个娃儿呀！何况自己也老了，这可咋办？老人的心一下沉重了起来。回到车站他那个露天的“家”后，老人硬是琢磨了一宿，第二天天还未亮他就把儿女家的门给敲开了：“我准备把你妈和我留下的那两间老屋给卖了，再贷点钱办个公司。名字都想好了，就叫‘白方礼支教公司’。”儿女们你看我，我看你，说：“爸，您老看怎么合适就怎么办吧。”老人乐不可支。“爸，我们嘛也不担心，就是担心您老这么大年岁还……”白方礼朝儿女们挥挥手，说：“啥事没有，你们开口支持我办支教公司比给我买罐头、麦乳精强百倍。”老人猛地一按车铃，伴着清脆悦耳的“丁零零”声，消失在晨雾之中。不久，由市长亲自给白方礼老人在紧靠火车站边划定的一块小地盘上，全国唯一的“支教公司”——白方礼支教公司宣布正式成立。开业伊始，他对受雇的20 来名员工非常简明地说了办公司的宗旨：“我们办公司要规规矩矩挣钱，挣来的钱不姓白，姓教育。所以有一分利就交一分给教育，每月结算，月月上交。”

“白方礼支教公司”，其实它起初只是火车站边的一个8 平方米的铁皮小售货亭，经营糕点、烟酒，方便南来北往的旅客。售货亭上面悬挂着一面南开大学献给老人的铜匾，写着“无私资助志在其才”，使这间售货亭显得格外光彩。凭着卖掉老屋的1 万元和贷来的钱作本钱，慢慢地雪球越滚越大，公司由开始的一个小亭子发展到后来的十几个摊位，连成了一片。最多一月除去成本、工钱和税金，还余1 万多元的利润。

不知道的人以为白方礼老人当了董事长，这下可以坐享清福了。可是他不但照常蹬三轮车，而且加大了对自己的压力。他为自己规定了每月收入1000 元的指标，每天要挣30 ~ 40 元。“我还是像以前一样天天出车，一天总还能挣回个二三十元。别小看这二三十元钱，可以抵十来个苦孩子一天的饭钱呢！”这就是一个耄耋老人的精神世界。他尽自己所能，烘托着一片灿烂天空，温暖着无数莘莘学子。

白方礼老人每月都会把自己省下来的钱拿到附近的学校给困难的学生当生活费，而已是风烛残年的他，却过着极为俭朴的生活。

老人蹬三轮车的时候，从头到脚穿的是不配套的衣衫鞋帽，看起来像个乞丐。“我从来没买过衣服，你看，我身上这些衬衣、外裤，都是平时捡的。还有鞋，两只不一样的呀，瞧，里面的里子不一样吧！还有袜子，都是捡的。今儿捡一只，明儿再捡一只，多了就可以配套。我从头到脚、从里到外穿着的东西没有一件是花钱买的。”除了不买衣帽鞋袜外，连吃的东西他都尽可能地节省。他的饮食极其简单，经常是两个冷馒头加一瓶凉水，就一点点咸菜。很多时候由于拉活需要，白方礼老人走到哪就睡在哪，一张报纸往地上一铺，一块方砖往后脑一放，一只帽子往脸上一掩，便是他睡觉前的全部准备“程序”。为了能多挣一点钱，老人已经好多年不住在家里，特别是老伴去世后他就以车站边的售货亭为家，所谓“床”，只不过是两摞砖上面搁的一块木板和一件旧大衣。冬天，寒风凛冽；夏天，骄阳似火，在一层薄薄铁皮的售货亭里，老人度过了一个个酷暑严冬。后来市政府号召要整治车站街道环境，小卖铺、小亭子都得拆掉。老人带头响应政府的号召，拆了他的这些小亭子。没有“屋”了，他为了仍能够拉活，就用摊开的塑料编织袋布和四根小木杆撑起了一个只有半人高的小棚。暴雨之后，经常能看到老人在太阳下晒被雨水浸湿的被褥。

白方礼老人就是这样，节衣缩食把自己蹬三轮车的所得全部捐给了教育事业。曾经有人计算过，这些年来，白方礼捐款金额高达35万元。如果按每蹬1公里三轮车收5角钱计算，老人奉献的是相当于绕地球赤道18周的奔波劳累。白方礼从没想过要得到回报。捐助的款项，也大多是通过学校和单位送到受助学生手里的，老人从没有打听过学生的姓名。有人试图在老人那里——找到曾经被资助的学生名单，但只发现一张他与几个孩子的合影——这是唯一的一张照片。当问老人对受他资助的孩子有什么要求时，老人的回答很朴实："我要求他们好好学习，好好工作，好好做人，多为国家做贡献。"

道德的力量是惊人的，德是企业选拔人才的标准，也是国家兴旺发展的基础，学生要成才，就要先立德。

第一节　人无德不立

每课诵读

墨　梅

作者：王冕

我家洗砚池头树，
朵朵花开淡墨痕。
不要人夸颜色好，
只留清气满乾坤。

读故事

凭良心做事

通过中央电视台《实话实说》节目，许多国人认识了丁大卫。丁大卫的故事是这样的：几年前，美国青年丁大卫来到中国。

他到了中国一所最普通的郊区小学教学。这个美国青年因为做人与教学深得人们的喜欢，后来当上了校长。1998 年底，想到中国西部去看一看的丁大卫到了甘肃兰州。他到西北民族学院应聘大学教师。

学校给大卫定的工资是每月 1200 元。大卫去问别人 1200 元在兰州是不是很高了。别人说，是算高了。于是，大卫主动找到学校，让领导把工资降到 900 元。学校一再坚持，大卫不让，说无论如何也不能超过 1000 元。最后，学校给他每月 950 元。

主持人崔永元问："大卫，你每月工资够用吗？"大卫说："够了，我每月的钱除了买些饭票，就用来买些邮票，给家里打打电话，三四百元就够了！"观众中有不少人"哇"的一声发出惊叹。一些人的灵魂受到了触动，但真正让人感动的还是以下一幕。别出心裁的编导在做这一期节目时，让丁大卫带来了他所有的家当：一只还不及我们平常出门旅游包大却"内容"丰富的帆布袋。而让我们怎么也想不到的是，这便是一个美国青年在中国生活 5 年积累下来的。大卫的脸红了一下，打开了他的帆布袋，里面的东西是这样的：

一顶大卫家乡足球队的队帽。他戴着向人展示时，眼里充满了骄傲。

一本相册。里面是他亲人、朋友，还有他教过学生的照片。

一个用精致相框镶好的一家人温馨亲昵的合影。

两套换洗的衣服。其中有一件军装上装，那是大卫的爸爸当兵时穿过的，整整 40 年了。大卫向观众展示时，很骄傲地说："因为它漂亮啊！"

一双未洗的普通的运动鞋，根本就不是一双品牌球鞋。大卫将它拿出来的时候，说什么也不让崔永元碰一下，他说："这鞋很臭的！"

以饭盆、口杯、牙刷、剃须刀为阵容的几件生活必需品。

一面随身带着的鲜艳的五星红旗。

当美国青年丁大卫将一面中国国旗打开向现场的观众展示时，偌大的演播厅里鸦雀无声，现场乐队深情地奏响了《我的祖国》的旋律。崔永元问大卫："你怎么会时时将五星红旗带在身边?"

丁大卫说："我时时带着它，就是为提醒自己，我现在是在中国，我要多说美丽的中文。有人到我的房间里来，看着墙上挂着的五星红旗，也会缩短我们之间的距离。再说，看到这面国旗，我就会告诫自己：你现在是一位中国教师，你要多为中国教书育人。"

当崔永元问丁大卫在中国感觉苦不苦时，丁大卫说："很好的，比如这次你们中央电视台就让我这样一个平凡的人来做嘉宾，而且还让我坐飞机，吃很好的饭菜。"

崔永元有些不好意思地脸红了，他幽默地说："我觉得你挺像我们中国的一个人：雷锋!"

丁大卫想了想，说："还真有点儿像。"大伙儿"哄"的一声善意地笑开了。"只是，雷锋挺平常的，他只是一个凭良心做事的人，这样的人不应该只有一个，每个人都应该这样做的!"他认真地补充道。这时，没有人再笑了。

节目中还播放了一组外采镜头：许多丁大卫的同事、丁大卫教过的学生，以及学生的家长在镜头前交替出现，他们一一地说着丁大卫的可敬与可爱之处，有的人情到深处时甚至泪盈于眶。一个女大学生对着镜头说："丁老师从来没骂过我，但我真得好怕他啊，因为我怕他因我而失望的样子!"而最后我们看到的一个镜头是：丁老师教过的那所小学的孩子们，一个个争着抢到镜头前流着泪喊："你回来教我们吧!"

我们看见，丁大卫不敢再看大屏幕，他深深地把头埋下。

评析与思考：

一个美国青年，放弃优厚的生活条件，却在中国做着艰苦、平凡而又伟大的事情，让我们看到了何为人世间最珍贵的东西。

其实，做一个有道德的人并不难，只要凭良心做事，每个人都可以做到，都应该做到，都可以成为像雷锋一样伟大的人。

明道理

一、道德

（一）道德的内涵

在我国古代最早的典籍中，“道”和“德”是分开的。把道、德二字连用开始于春秋战国时期，最早见于《管子·君得》。管子说：“道德定而民有轨矣。”以后庄子、荀子等也把道、德二字连用。

在日常生活中，“道德”常常被人们挂在嘴边。当人们赞赏某人的行为时，就说这个人品德好，行为高尚；当谴责某人的行为时，就说这个人品德差，行为卑鄙。这种对人的行为的评判都与道德有关。那么，究竟什么是道德呢？

道德是由经济基础决定的上层建筑和意识形态，是以善恶为标准，依靠社会舆论、传统习惯和内心信念评价人们的行为，调整人与人、人与自然和人与社会之间关系的行为规范的总和。道德首先具有规范性，它是人们行为时应当遵循的原则和规范，同时道德又是一种评价标准，是对人们思想行为进行评价的标准。

（二）道德的特点

1. 自律性

道德和法律是维持社会秩序的两大手段。与法律不同的是，道德不是靠国家强制力量来维持，也不需要专门国家机关来制定和实施，而是靠社会舆论、传统习惯和人们的内心信念等力量来维持，通过教育、劝诫、说明、示范等方式起作用，只提倡“应当怎样”、“不应当怎样”，而不是像法律那样强行规定“必须怎样”、“不准怎样”。所谓社会舆论，主要是指报纸、电视电台、网络等宣传媒体对人的行为和某种社会现象进行一定的评价和议论。如通过宣传媒体表彰好人好事，谴责坏人坏事，可形成一定的社会道德风尚。不同的内心信念决定着一个人的行为习惯，支配着一个人的行动。

如中职学生中既有因拾金不昧、乐于助人、见义勇为等行为被表彰者，也有因自私自利、偷盗成性、打架斗殴被开除者。究其原因，就是个人的内心信念在起作用。

2. 广泛性

道德作为社会意识形态的一部分，不仅仅局限于人类活动的某个特定范围内，而是广泛地渗透于社会生活的各个领域、各种关系中。在经济、政治、文化、宗教、社会生活等领域都有道德问题，不同行业之间、各个家庭之间、各个单位之间，甚至师生之间、家庭成员之间、同事之间也都存在着道德问题。例如，在观看演出时，不许任意吹口哨、喝倒彩；在图书馆时，走路要轻，不大声喧哗；遇人危难时，应见义勇为，挺身而出，或者慷慨解囊，助人为乐等。可见，在社会生活的各个领域，无论何时何地都要讲道德，道德的存在和作用具有明显的广泛性。

3. 阶级性和继承性

道德具有历史的继承性和鲜明的阶级性。道德是建立在一定社会经济基础之上的社会意识形态，具有鲜明的时代特征，并具有历史的延续性。例如，“孝敬父母”这一道德规范从奴隶社会产生至今，依然是人人颂扬的传统美德。中职生要继承和弘扬中华民族的传统美德，取其精华，舍其糟粕，并补充适应时代发展要求的新成分。在阶级社会，道德还具有鲜明的阶级性。例如，在封建等级制度下，封建君主强调“君要臣死，臣不得不死，父要子亡，子不得不亡”的道德观念，而农民起义者却提出了“等贵贱，均贫富”的口号，把反抗剥削、贫富均等、勤劳节俭视为高尚的道德。可见，道德具有鲜明的阶级性。

识美德

中华民族传统美德的主要内容：

第一，父慈子孝，尊老爱幼。

第二，立志勤学，持之以恒。

第三，自强不息，勇于革新。

第四，仁以待人，以礼敬人。

第五，诚实守信，见利思义。

第六，公忠为国，反抗外族侵略。

第七，修身为本，严于律己。

见贤思齐

良心在上

从艳春是生活在吉林山村的一个农家妇女，虽然她勤快能干，可生活依然十分贫穷。她的丈夫常年卧床不起，唯一的儿子不但患有间歇性精神病，而且还是侏儒——28 岁了，身高只有 1.30 米。从艳春多次托人想把儿子送到县里的马戏团去挣口饭吃，可人家看到他那痴痴呆呆的样子，什么也不说就走了。为了治好丈夫的病，家里已经一贫如洗了。现在她又心如刀割：家里唯一的那头老驴也要被拉上屠宰场了——等着把这头驴杀掉卖钱去给丈夫抓药呢。

当剖开驴的肚子时，一个硕大的肉球滚了出来，吓了人们一跳：杀了几十年驴的屠夫也没遇到过这样的事，后来，他们断定，那个从驴肚子里滚出来的东西就是传说中和“马宝”一样能够包治百病的“驴宝”。

山村轰动了，人们都在谈论着，真是“上天有眼”啊，只要“驴宝”一出手，从艳春就发财了，这一下，不但丈夫看病的钱不用再发愁了，治好儿子的病也有可能了。

从艳春得到“驴宝”的消息像长了翅膀一样传开了，附近方圆几百里的药材商走马灯似的来到从艳春家，先是打探，然后就开始出价。可从艳春显得异常平静，她没有因为得到了“驴宝”而沾沾自喜，面对络绎不绝的买家，她只说了一句话：“等我弄明白了再卖。”

接下来的几天，丛艳春忙着为“驴宝”做鉴定。她先从“驴宝”上剥一点细丝，碾碎成粉末，冲给自己的丈夫喝。她认为，既然包治百病，那么对丈夫的病一定有帮助。看到丈夫喝下“驴宝”的汤剂，病情似乎得到了缓解，她的心里有了些许的欣慰，但她还是怀疑：这真的是传说中的宝物吗？

这时，为了能得到“驴宝”，那些商人们打起了争夺战。一开始，有人出价7000元，丛艳春笑着摇了摇头，人们以为她嫌价钱低了，于是价钱一直往上抬。到10万元、17万元，可丛艳春还是不为所动。商人们迷茫了，当地的老百姓也开始嘀咕了，这丛艳春是不是太贪心了，明摆着还要人们出更高的价钱嘛。她的家人也劝丛艳春见好就收，毕竟17万元已经不是一个小数目了，可丛艳春还是坚定地摇了摇头，她说：“我要弄明白才能卖！”又有人说她傻了，为什么一定要弄明白呢，假如弄清楚了是个废物，不是一分钱也不值了吗？

在人们纷纷猜测之时，丛艳春又带着样品上路了。在这之前，她已经找了很多兽医以及县里的行家鉴定，但没有一个权威的结论。于是她又凑足路费，上了市区。就在她上市区的前一天晚上，有三个蒙面人来抢劫，幸亏她没有把“驴宝”放在家里。临走的早上，一个商人出了40万元的“天价”，惊得当地的老百姓目瞪口呆，可丛艳春坚持：我不能不明不白地糟蹋人。

经过市里多个专家的鉴定，真相大白：这“驴宝”跟“马宝”相差甚远，它只是驴身上的一种良性血管瘤，主要成分是驴血，没有治疗疾病的价值。

这时的山村再次沸腾了，很多人骂丛艳春傻，你去搞那些鉴定干吗，送上门的40万元不要，这下，空欢喜一场了吧。可丛艳春非常坦然，面对四壁空空的家，她还是照样拼命挣钱给丈夫和儿子治病，好像什么也没有发生一样。

记者采访丛艳春时，曾经问她这样的问题：别人当时出那么多钱，你为什么不把它卖掉呢？如果这样，有了40万元，你的生存环境不是可以得到巨大的改善吗?

只见这位山村妇女撩了撩自己斑白的鬓角，笑着说：为了丈夫和儿子的病，我很想有钱，可我一定要弄明白，假如真的是宝，能治病，再卖也不迟，假如一分钱不值，我也不后悔。我害怕稀里糊涂地害了人，那样我的良心上说不过去，会一辈子不安。做人，要对得起自己的良心啊!

这就是一个目不识丁的山村妇女的胸襟：对得起良心。就这么简单。

二、职业道德

读故事

一个医生的良心

我是医生，我在和生命打交道，我要对得起自己的良心！——陈晓兰

对陈晓兰来说，她永远不能忘记的是 1997 年 7 月 24 日，这个改变她命运的日子。那时她还是一个医生，因为她为人正直又医术颇高，同事都很尊敬她，病人也都爱戴她，不惜万里求医，而这所有的一切却因为一个病人改变了。

那天，陈晓兰正在工作，突然有一个病人跑过来对她说：“陈医生，你能不能不给我打那个‘激光针’，我打了会哆嗦。”会哆嗦？难道是输液反应？陈晓兰慌忙跑去看，她看到了一种名为“光量子氧透射液体治疗仪”的输液配套器械，仪器上有一行小字“ZWG—B2 型”，她知道 ZWG 是“紫外光”三个字的拼音缩写而不是什么激光，于是她拦住了要打针的病人说，这不是什么激光，而是紫外光。

让陈晓兰没想到的是，就因为这句话，第二天她就遭到了院领导的质问："谁说光量子不是激光，这是上海医科大学陆应石教授发明的，你比陆应石教授还厉害?"陈晓兰感觉到了极大的侮辱，从此她开始研究"光量子"，经过研究她发现，光量子氧透射液体治疗仪是把给病人输液的液体充氧后经仪器中发出的"激光"照射后再输入体内。可是药物是要防氧化并避光的，怎么能进行充氧和光照呢?陈晓兰迷惑了，她给上海一些有名望的医生打电话，询问药物是否可以用紫外光照射，但是大多数医生都说不行。于是陈晓兰便自己买来药水，借用"光量子氧透射液体治疗仪"进行模拟试验，结果令她大吃一惊，原来经过光量子充氧的药水，竟然生成了絮状物!

陈晓兰拍案而起，病人的血管又不是下水道，把这种东西输进去，让它怎么出来呢?她愤怒了!这时她母亲也已经托人打听到，那位"陆应石教授"纯属子虚乌有。陈晓兰难以置信，亲自跑到上海医科大学人事处查询，但工作人员明确地告诉她，该校包括附属医院在内的1万多名职工中，根本没有陆应石这个人。而医院对陈晓兰的反映不作理会，"谁反对光量子谁下岗"。

陈晓兰犹豫了，但一想到世界卫生组织的调查，世界上有1/3的病人死于药物中毒，她就没办法心安理得继续坐在医院里。她开始一家家走访那些打过"激光针"的病人，在受调查的23位接受过"光量子"治疗的病人中，有9位死于肾功能衰竭和肺栓塞。于是陈晓兰找到区委和卫生局反映情况，从此踏上了十年揭露假冒伪劣医疗器材之路。

为了举报假冒伪劣医疗器械，十年来陈晓兰在京沪线上往返了四十多次，为了省钱，她尽量坐慢车。过去她是个衣着讲究、饮食精细的人，而现在她只能以吃黄瓜和包子度日，没钱的时候，甚至连三元钱的澡都洗不起。她花光了积蓄，搭上了健康，而她的行为却让一个又一个生产及使用不法医疗器械的企业及医院被依法查处。

曾经有人提出要为她募捐，资助她经费，她全部回绝了。"一旦拿了钱，即使你把这些钱全部用到正道上，也会有人说你别有所图。我不拿，我就行得正。”2007 年 10 月，以陈晓兰为题材的报告文学《天使在战斗》获得第四届鲁迅文学奖，评委们全票通过；2007 年 12 月 2 日，她被评选为“2007 年十大法制新闻人物”；2007 年 12 月 30 日，她又成为了 2007CCTV 中国经济年度人物评选候选人。

曾有人这样评价陈晓兰：她不是佛，却以一己之力普度着众生，她不是菩萨，却时时关心着天下黎民百姓，她只是一个弱女子，却挑起了维护医疗纯洁的大任。而陈晓兰却说：“如果不是走上了这条路，我现在也过着简单平静的生活。但我是医生，我在和生命打交道！我要对得起自己的良心！”

[选自《北方人》（悦读）2008 年第 7 期]

明道理

（一）职业道德的内涵

在现实生活中，人们一讲到教师就想到“教书育人，为人师表”；医生“救死扶伤，治病救人”；军人“英勇善战，保卫祖国”；营业员“文明经商，童叟无欺”；财会人员“遵纪守法，勤政廉洁”……都会竖起大拇指称赞道：做得好，有职业道德！可见，职业道德是指从业人员在一定的职业活动中应遵循的、具有一定职业特征的道德准则和规范的总和。职业道德既是对从业人员在职业活动中行为的要求，又是从业人员对社会所承担的道德责任和义务，调节着各种职业关系，即从业人员与服务对象、职业与职工、职业与职业之间的关系。要做一个合格的劳动者，首先必须遵守职业道德。

“对一个演员最高的评价是——他演警察像警察、演土匪像土匪……一个演什么就像什么的演员，观众就会买他的票；一个做店员就像店员、做厨师就像厨师、做医生像就医生的人……就会有人反复回头付费去感谢他，去捧他的场，就会用钞票——评选出他是最有‘职业道德’的人。”

（摘自《王阳感悟》）

（二）职业道德的特点

职业道德是从职业活动的需要中形成和发展起来的，是社会道德的特殊表现和有机组成部分。作为道德的一个特殊领域和行为调节手段，它除了具有道德的一般特征外，还具有自身鲜明的特点。

1. 专业性和多样性

职业产生于社会分工，任何一个职业都有与其他职业不同的性质和任务，有着各自的服务对象和服务内容。因而各种职业都有自己的职业规范，甚至各个工种、岗位的职业规范都不一样，表现出很强的专业性。职业的性质、责任义务和专业内容决定了职业道德规范的内容。一定的职业道德规范只适应于特定的职业活动领域，表现出各自不同的个性特征。各种职业生活的不同道德要求，决定了社会职业道德也具有多样性。随着社会生产的不断发展、科学技术的突飞猛进，社会分工越来越细，新兴行业不断涌现，与之相适应的职业道德也在不断产生。可以说，有多少种社会分工就有多少种职业道德。

2. 实用性和广泛性

职业道德是适应职业生活而产生的，体现在职业劳动者与其服务对象之间的各种关系和行为中，是社会各行业的劳动者都必须遵守的道德，与具体的职业生活紧密联系。职业道德并不单纯地表现为抽象的理论和一些原则性的规定，而是从各职业从业人员的道德实践中，从本职业的实际要求出发，通过规章制度、工作守则、公约、誓言和条例等一些简明形式来规范，对本职业的从业人员来说，只要从事职业活动，在其特定的职业生活中就必须遵守职业道德。它渗透在职业活动中的方方面面，具有较大的广泛性。

3. 继承性和时代性

职业道德是在特定的职业实践中形成的。由于人们的职业生活代代相传，有着历史的连续性和相对稳定性，因而职业道德也具有明显的继承性。从事不同职业的人们，从先辈那里学习职业技艺的同时，还继承了与这一职业相联系的比较稳定的职业传统习惯、比较稳定的职业行为准则和比较特殊的职业心理、职业品格和职业习惯，这使得不同时代的职业道德具有许多相同的内容。例如，从古至今人们都把“有教无类”，“学而不厌、诲人不倦”，“教书育人”，“为人师表”等视为教师的职业道德。但是，不同社会形态的职业道德的继承性是相对的，它要受到当时占统治地位的经济关系的制约和道德准则的影响，在一定程度上贯穿和体现着当时社会道德的普遍要求，是反映当时整个社会道德现实状况的一个窗口，因而任何时代的职业道德都具有鲜明的时代特征。进入 21 世纪后，随着信息化、知识化时代的来临，教育新理念的运用，具有“创新精神”，“尊重学生人格，发挥学生的主体地位”等丰富了教师的职业道德内涵。同时，随着经济和社会发生的重大变化，新的行业不断发展，新的职业道德规范也将应运而生。

见贤思齐

道德成熟的特征

在哈佛大学教育研究院的课堂上，教授讲到作为一个道德成熟的人需要具备六个特征：

1. 尊重人的尊严

具体表现在以下几个方面：尊重所有人的价值和权利；杜绝欺骗和不诚实；追求人与人之间的平等；尊重良心的自由；能与不同意见者共事；克制有偏见的行为。

2. 关心他人的利益

包括以下内容：意识到人与人之间的互相依赖；热爱自己的祖国；追求社会正义；助人为乐；努力帮助他人在道德上成熟起来。

3. 把个人利益与社会责任结合起来

具体表现在：积极参与社会生活；做有益于社会的事情；自尊和尊重他人的道德价值观；在日常生活中能够自控、勤勉、公平、和善、诚实和谦恭；履行社会的职责；通过与他人的关系培养自尊。

4. 正直的人格

具体包括：勤勉实践；坚持道德原则；具有道德勇气；懂得何时让步及何时勇敢地挺身而出；为自己所做出的选择负责。

5. 对道德选择做出反应

具体包括：意识到现实中的道德问题；能够应用道德原则做出道德判断；能够考虑到各种决定的后果；关注社会和世界范围内出现的各种重要的道德问题。

6. 寻求和平地解决冲突

具体包括：努力寻求个人与社会之间冲突的和平解决；避免身体与语言方面的侵犯；认真地听取他人的意见；鼓励其他人的参与；为和平而工作。

由此看来，不同文化对于道德成熟的理解都是相似的，这里既有公共领域的道德要求，也有对个人品格的希望，既体现出公正，也强调了对他人的关心和关怀。

社会需要的是道德成熟的人，请你阅读上文，找出自己的不足。

第二节　国无德不兴

每课诵读

北风吹

作者：于谦

北风吹，

吹我庭前柏树枝。
树坚不怕风吹动，
节操棱棱还自持，
冰霜历尽心不移。
况复阳和景渐宜，
闲花野草尚葳蕤，
风吹柏枝将何为？
北风吹，能几时？

读故事

找工作屡屡碰壁

有位中国学生在德国留学，并以优异的成绩毕业。毕业后，他便在德国寻找工作，想在那里干一番事业。

他本以为自己学习成绩优异，找工作如同囊中取物。谁知，他拜访了多家大公司，都被委婉地拒之门外。无奈，他只好到一家小公司去应聘，以为这回不会碰壁了。

结果，这家小公司虽然小，但也不聘用他，仍然像前几家大公司一样，礼貌地拒绝了他。

这位留学生很是恼火，他以为是德国的公司在搞种族歧视。于是，便声称要控告。

小公司的管理者见此情形，低声地对他说："先生，请您冷静些，我们去另外的房间谈好吗？"

这位留学生跟随着德国公司的管理者来到了另外的房间。管理者请情绪激愤的他坐下，并为他倒了一杯水，然后从一个口袋里抽出一张纸，让他过目。

他拿起那张纸，只见上面记录着他乘坐公共汽车三次逃票的事实。看着这一记录，留学生更加气愤："真是小题大做。不就是几张车票吗?”

因为逃几张票而被拒之于公司的大门外，在我们没有诚信意识的一些国人看来，的确是小题大做。但对向来严谨、严守诚信的德国人来说，乘坐公共汽车逃票，则不是一个小问题：一个人如果连蝇头小利都不放过，那么，还能指望他对公司的信誉负责吗?

由此可见，诚信缺失者虽然能得逞于一时，但不能得逞于永久。当他的失信行为被人所了解时，他的骗局被人戳穿时，他的麻烦也就来了。

明道理

一、职业道德与自身的发展

（一）职业道德是事业成功的保证

1. 没有职业道德的人做不好任何工作

一个人有德无才或有才无德，都可能会四处碰壁，只有德才兼备才会畅行无阻。

无论什么人，只要他想成就一定的事业，就离不开道德情感、道德态度、道德良知、道德意志、道德责任、道德理想的帮助和支持，一句话：事业成功离不开职业道德。

见贤思齐

你为什么不成功
——因为你是一个不孝顺的人

我国传统文化是非常崇尚孝道的，《二十四孝》图里就有母亲冬天患病想吃鱼，儿子便脱光衣服卧在冰上用体温融化冰层捞鱼的故事。我国古代选官就有“举孝廉”的规定，不尽孝道的人是不能为官的。时至今日，“百善孝为先”仍然是衡量一个人道德水准的重要标准。2015 年 6 月 1 日实行的《行政机关公务员处分条例》明确规定：拒不承担赡养、抚养义务的，给予降级或者撤职处分；情节严重的，给予开除处分。不论为官，还是为民，不尽孝道的人在社会上是站不住脚的，试想，一个连自己的生身父母都不管不问的人，还能指望他为国家、为群众、为朋友干点儿事吗？有一个公司的老总在招聘员工的时候，将孝行放在一个重要的考核方面，这个老总说，一个人有无特长、学历高低，这些都不是非常重要的，我看重的是一个人有没有孝心，如果不孝敬父母，就是有天大的本事，我们也不用！

2. 职业道德是事业成功的重要条件

既无人缘又无职业道德品质的人要想成就一番事业，无疑于痴人说梦。一个人如果想要有所成就，有所作为，首先得从学习如何做人，如何做事，脚踏实地，一步一个脚印地去努力。

3. 每一个成功的人往往都有较高的职业道德

坚定不移、勇往直前的意志品质，对自己、对他人、对社会的责任感和对工作的敬业精神等始终是一个人成功的关键。

见贤思齐

美国新泽西—曼哈顿航线的老板 A—P—T 卡车运输公司的总裁阿曼·英佩拉托雷在回忆自己的过去时说：我 10 岁那年正是经济大萧条时期的 1935 年，我在街角的一家糖果店工作。一天，我在桌子底下拾到 15 美分并把它交给老板。老板扶着我的双肩承认，钱是他故意放在那儿的，以此看我是否值得信任。后来，我一直为他工作到上完高中，我知道是我的诚实使我在美国经济最困难的时期保住了自己的工作。在后来的年代里，我做过许多工作，侍者、停车场的服务员、房屋清洁工等，现在回想起来自己在糖果店学到的关于诚实的一课，是使我同别人一起工作和创建事业，并最后使我成功的关键。

（二）职业道德是人格的一面镜子

1. 人的职业道德品质反映着人的整体道德素质

人的道德素质包括道德认识、道德情感、道德意志、道德行为等内容；从道德涉及的领域看，则包括恋爱、婚姻、家庭道德，职业道德和社会公德等。任何人的道德素质的各个方面都有内在的一致性，它们相互依存、相互影响、相互作用、相互制约，统一于人的道德价值观念。人内在的根本道德价值观念，在人的整体道德素质中，居于核心和主导的地位，它控制、导向、左右和调节着人在家庭、单位和公共场合的各种道德行为表现。一个人在家里具有尊老爱幼、男女平等、夫妻和睦、勤俭持家、邻里团结的家庭美德，那么在社会上也会自觉遵守文明礼貌、助人为乐、爱护公物、保护环境、遵纪守法的社会公德，在单位里也会与同事保持较和谐的关系，爱岗敬业、诚实守信、办事公道、服务群众、奉献社会。

2. 人的职业道德的提高有利于人的思想道德素质的全面提高

当一个人的职业道德水平在实际生活中有所提高的时候，这个人的思想达到的整体水平也会得到很大的提高。事业的成功不完全是以一个人积累财富的多少去衡量的，道德的感染力是无价的，它不能用任何财富之类的东西去衡量。

3. 提高职业道德水平是人格升华最重要的途径

随着社会和经济的发展，特别是现代市场经济充分发展之后，新的职业道德观念，将对新的家庭、婚姻道德和公共道德观念的形成产生极为重要的影响。代替以“孝”为核心的道德体系，“服务意识”将成为新的核心理念。从职业道德的角度讲，“服务意识”表现为服务态度和服务质量，并体现在以下基本规范之中：忠于职守，敬业乐业；业务精深，优质服务；协同合作，团结守纪；公平正当，诚实守信等。

道德人格的高低，是衡量一个人人性的标准。一个人高尚品德的养成是不可能在学校学习的过程中完全实现的，只有当社会为每一个人提供一个实践的舞台时才可能实现。

第一，唯有经过严格的职业训练和生活磨炼的人，才能获得实际有用的知识和人生智慧。

第二，一个想成就事业的人，必须经受得住形形色色的诱惑以及各种各样艰难困苦的考验。

第三，那些最伟大的人物无一不是经过严格训练，历尽千辛万苦才取得辉煌成就的。

见贤思齐

北京最有名的出租车司机

出租车司机每天都会遇到形形色色的人，受委屈是经常的。而王宇横开出租车 14 年，没和乘客红过脸，为此他获得了“的士之星”称号。

在他刚当出租车司机不久，遇到一位从国贸到公主坟的乘客，说约了人了，10 分钟必须赶到。从国贸到公主坟 10 多公里，不堵车也到不了。王师傅果断地说，根本到不了，你这不是让我出交通事故吗？这位乘客就在车上挑毛病，每当碰到车辆或人多时减速，他就嚷慢，遇到红灯停车，他也喊，你为什么要停？你不知道我有急事吗？王师傅说，这是交通规则，连小孩儿都知道绿灯行红灯停。这位乘客却不讲理地说，我不管，我不迟到就行。

王师傅一听，这人咋这么蛮不讲理！火腾腾地往脑门上蹿，他不想跟顾客生气，就用手啪啪扇自己的嘴巴，谁让你干这个！受这份罪！这位顾客一看，这人咋还扇自己嘴巴子，这人有毛病吧？其实王师傅只是发泄在自己身上。没想到倒把他吓住了，忙说，哥们儿，你可别这样！你、你、你这样，我没话说了。你慢、慢开吧，几点到都行。

王师傅从这件事上觉得自己做得也不妥当，从那往后，他想尽一切办法，不管乘客什么心情上车，都让乘客高高兴兴地下车。

一次，本地的三个青年乘他的车，说：“哥儿们，到看丹桥。”王师傅说到那35元钱。其中一个说，每次都是15元钱，你怎么要35元钱？到了地方，扔下15元钱扬长而去。王师傅知道这三人是存心不想给钱。要搁别的司机，得下车和他们理论。王师傅想，你跟他们吵，一个是自己生气，另外这种人什么事都干得出来，你和他弄僵了，他把你车砸了，把你打了，你再报110，就什么都耽误了。想到这儿，就长出了一口气，点支烟。一根还没抽完呢，就来了赶往机场的客人，算是帮了忙了。

王宇横在出租车行业出了名，北京市电视台要做王师傅的节目。编导找了个调皮的工作人员装成“刺儿”，故意刁难他，看他是如何处理这些问题的。

这天，“刺儿”非要坐他的车，坐上去，说什么也不下车。“刺儿”上车就抽烟，王师傅说，车上不准抽烟。他冷冷地瞅着王师傅说，我心里不痛快，就得抽烟。王师傅说，那好，下边有个空地，抽完后，咱再接着走。“刺儿”说，我要下去，你把车开走了怎么办？王师傅说，你不是还没给我钱呢吗？王师傅笑着就把他请下去抽烟。他在车外抽烟，又找毛病说，你给我绕路了。那你说奔哪儿走不绕路，咱就奔哪儿走，王师傅说。“刺儿”心里明白，这条路是最近的，也是最不堵车、最方便的，没话说了。到了目的地，临下车时，“刺儿”说，我身上钱不够，就5元钱。“刺儿”把那5元钱放在车座上了，王师傅无奈地捡起那5元钱。“刺儿”又说，你把那5元钱拿起来了，我上公交车怎么办？王师傅就把那5元钱又还给他了。

他的原则是不管你什么心态上车，都让你高高兴兴地下车，所以他在北京很有名。都说坐他的车，安全、干净、舒适、温馨，有很多回头客，甚至有的把非常贵重的物资、几十万元的巨款都托付给他代办，许多人成了他的固定客户。

他遇事总是从事情的一面看到另一面，从不因小失大。他不与那些“小人”计较，不是怕了他们，是因为他相信99%的人是好的，要为99%的人服务好。他乐于失去这些小利，因而获得了尊重和爱戴。

二、职业道德与企业的发展

（一）职业道德是增强企业凝聚力的手段

1. 职业道德是协调职工与同事关系的法宝

企业内部人际关系可分为以下几种：①因正常的工作而形成的工作交往关系。②在工作闲暇时非正式交往。③由个人的意愿而进行的工作以外的交往关系。④因工作接触而结交的知心朋友关系。

职工在工作中必须遵守的行为准则：

（1）自觉接受和分担应予承担的任务，不可有怨言；工作要认真负责，一丝不苟，精益求精，尽量避免因自己工作的失误和疏忽而给同事带来被动和麻烦。若出现这种情况应及时予以补救并诚恳地道歉。

（2）尊重同事的隐私，谅解同事的缺点和不足，不要过分地过问他人的私生活，自觉维护同事的利益和荣誉。

（3）合作使用工作用具和设备时，要多替同事着想，多给同事方便。

（4）关心和信任对方，积极帮助对方解决困难。

（5）对感情不融洽的同事，在工作上仍应积极配合。

（6）不要在上级和同事面前诋毁和贬低他人，不在大庭广众对他人品头论足。

（7）对同事不经意或非故意的伤害，要以宽容之心予以谅解；对故意的诽谤或伤害，要通过组织途径恰当地予以解决，千万不能鲁莽从事，以避免造成严重的后果。

（8）不要因同事取得优异成绩、受到嘉奖或晋级而产生嫉妒心理，不要讽刺、挖苦、打击同事。

2. 职业道德有利于协调职工与领导之间的关系

在企业中，职工和领导在一定意义上说是互偿、互助、互利的关系。职工对领导的工作要支持，领导对职工的工作和生活要关心。

职工对领导的支持主要表现在：认真履行自己的职责，保质保量地完成领导分配的各项任务，不给领导惹麻烦，在力所能及的情况下，积极给领导出谋划策，帮助领导排忧解难等。

领导对职工的关心表现在：注意改善职工的工作条件，提高职工的福利待遇，给职工提供和创造教育、培训以及晋升的机会等。

职工应遵守以下行为准则：

（1）认真履行自己的工作职责，保质保量地完成自己应予承担的各项任务；工作要踏实认真，一丝不苟，精益求精。

（2）严格遵守企业的各项规章制度。

（3）对领导的指令不甚明了时，切忌含糊，能干的工作要毫无怨言地认真完成，不能干的工作如实向领导讲清原因，不能误时误事。

（4）尊重领导的隐私，对领导有意见时，应寻找恰当的时间、恰当的场合、恰当的机会向领导当面直陈，既不当众指责，也不在私下议论，更不能在背后贬低、中伤、诽谤。

（5）充分发挥主观能动性，积极提出合理化建议，帮助领导排忧解难。

（6）虚心接受批评，认真改正自己的缺点和不足。对于领导错误的指责，一方面，要寻找恰当的时机给予解释；另一方面，要有宽容谅解之心，不要得理不饶人。

（7）信任领导，维护领导的威信，一般不越级汇报工作。

3. 职业道德有利于协调职工与企业之间的关系

企业职工与企业的关系是企业各种关系中最重要的一种关系，不仅影响和制约着其他各种关系，而且决定着企业的生存和发展，关系着职工的前途和命运。

从职工角度讲，要严格遵守以下职业道德行为准则：

（1）要认真处理好个人利益与企业整体利益的关系，以企业整体利益为重，在两者发生矛盾时，个人利益要服从企业整体利益，在企业出现困难时，要与企业患难与共，同心同德，共渡难关。

（2）认真履行自己的工作职责，保质保量地完成自己所应承担的任务。

（3）严格遵守企业的一切规章制度，保守企业秘密。

（4）积极参加企业组织的各项社会公益活动、义务劳动以及文体娱乐、竞赛活动等。

（5）刻苦钻研业务，熟练职业技能，努力提高自己的业务水平，积极为企业的技术革新、工艺改进以及新产品的开发做出自己的贡献。

（6）关心企业的发展，积极为企业的生产、经营、组织、管理提出合理化建议。

（7）服务顾客，务必做到热情、大方、礼貌、周到、细致、耐心，确保顾客满意。

（8）服从企业安排，不挑肥拣瘦。

（9）对企业有意见，要尽可能地通过工会等组织，通过协商、谈判等手段妥善解决，要尽可能避免借助法律起诉甚至罢工等手段来解决问题（当然，如果企业侵犯了职工的利益，通过协商等手段无法解决时，为了维护职工自身的合法权益，职工有权利也有必要通过法律等手段来解决）。

（二）职业道德可以提高企业的竞争力

在市场经济条件下，竞争是生产和流通正常进行的条件，是资源有效配置的前提，是市场调节企业活动的基础。

企业提高竞争力，必须提高产品服务质量；必须不断革新工艺，改善设备，降低成本，提高劳动生产率，开发新产品；必须不断完善企业形象，创造企业品牌。

1. 职业道德有利于企业提高产品和服务的质量

企业要提高产品的质量，给顾客提供优质的服务，就必须重视职工的职业道德教育和提高职工的职业道德素质。

（1）掌握扎实的职业技能和相关专业知识，是提高产品和服务质量的前提。

（2）在加工企业的产品加工过程中，职工必须一丝不苟，精雕细琢，精益求精，要避免一切可以避免出现的问题；在服务性行业直接给顾客提供服务的过程中，职工必须文明礼貌、热情周到、耐心细致、百问不厌。这种工作的认真态度和敬业精神，是提高产品和服务质量的直接表现。

（3）忠于企业，维护企业形象，力争为企业创造更大的利润，为企业的生存和发展做出自己的贡献，是提高产品的服务质量的内部精神动力。

（4）严格遵守企业的规章制度，服从企业的安排，是提高产品和服务质量的纪律保证。

（5）奉献社会，真正以顾客为“上帝”，全心全意为顾客服务，为顾客提供方便，让顾客满意，是提高产品和服务质量的外部精神动力。

2. 职业道德可以降低产品成本，提高劳动生产率和经济效益

要降低产品成本，要求职工必须具有较高的职业道德。

（1）职工具备良好的职业道德有利于减少厂房、机器、设备的损耗，节约原材料，降低废品、次品率。

（2）职工具备良好的职业道德，职工与职工之间、职工与领导之间、职工与企业之间就会保持协调、融洽、默契的关系，从而降低企业作为整体的协调管理费用。

（3）职工具备良好的职业道德，给社会提供质量可靠、价格实惠的产品，对顾客服务热情周到、耐心细致、文明礼貌、讲求信誉，就会改善企业形象，提高企业声誉，增强企业在社会上的可信度，从而有利于降低企业与政府、社会和顾客的谈判交易费用。

（4）职工具备良好的职业道德，有较强的时间观念，在工作中惜分珍秒，有利于提高劳动生产率。

3. 职业道德可以促进企业技术进步

在当今企业激烈竞争的新形势下，新技术、新产品的开发决定着企业的生死存亡，谁先推出新产品，谁就能占领市场，在竞争中获胜，从而获得高额利润。职工具有良好的职业道德，有利于提高创新能力，有利于企业的技术进步。

（1）具有良好的职业道德是职工提高创新意识和创新能力的精神动力。

（2）具有良好的职业道德是职工努力钻研科学技术、革新工艺、发明创造的有力保证。

（3）职工具有良好的职业道德是企业保守科技机密的重要条件。

4. 职业道德有利于企业摆脱困难，实现企业阶段性的发展目标

任何企业在发展过程中，都不可能完全一帆风顺；相反，经常会遇到各种困难和挫折，当企业遭到挫折时，如果职工有崇高的职业道德，能爱厂如家，以企业的前途和命运为重，为企业的大局利益着想，自觉舍弃和牺牲个人利益，与企业同心同德、同舟共济、奋力拼搏，企业可能摆脱困难，走出困境，起死回生。职工职业道德的高低在一定情况下决定着企业的生死存亡。

职工具有良好的职业道德还有利于实现企业阶段性的发展目标。

5. 职业道德有利于企业树立良好形象，创造企业著名品牌

无论是塑造企业良好形象，还是创造企业著名品牌，都离不开职工的职业道德，都需要职工良好的职业道德做支撑。

（1）企业形象是企业文化的综合反映，其本质是企业信誉，商品品牌是企业形象的核心内容，是整个企业生产、经营、管理和文化的结晶，商品品牌信誉度的高低反映着企业的综合素质。

（2）在媒体十分发达的今天，企业职工在某一事件上的不道德

行为，通过媒体的曝光片刻就可传遍世界各地，它对企业形象造成的负面影响往往为人们所难以预料。

见贤思齐

忠诚助你成功

作者：曲连琴

忠诚不仅是一种品德，更是一种能力，而且是其他所有能力的统帅与核心。缺乏忠诚，其他的能力就失去了用武之地。

忠诚，是一个人成功的前提。无论在什么岗位，无论是老板还是员工，都需要忠诚。老板对员工忠诚，就会赢得员工的拥护，你的公司就有凝聚力、向心力，进而就有竞争力；员工对老板忠诚，就会赢得老板的重用，就会使你的才华得到发挥。忠诚，既是一种境界，更是一种行动。忠诚会让你成为一个值得别人信赖的人、可以被委以重任的人。

有的人自作聪明，对人两面三刀，甚至对他的老板也进行背后攻击，时间久了，人们都认清了他，这种人就成了孤家寡人，一个真心朋友都没有，最后的结果是：失去了领导、同事、部下的信任。

忠诚，是每个人保持良好心态的前提。一个人心态好，才能坦然地面对一切人和事。对人、对事业缺乏忠诚的人，每天就会过着提心吊胆的生活，总怕背地做的不光彩事情被人发现。这种心态时间久了，就会影响健康。

怎样做才能称得上“忠诚”呢？当面议短，背后说长。能够当面指出上司或同事的不足和存在的问题，是忠诚的表现之一。魏征是唐代杰出的谏官，他“事有必犯，知无不为”，即使是唐太宗李世民发怒之际，他也敢当面上奏。在他的御前生涯中，先后向李世民谏陈二百余事，而且多被采纳并付诸实施。因而，他深得李世民的信任和器重。无论你是一名领导还是员工，都要学习魏征的精神，这对一个人的一生都是大有益处的。

忠诚，应体现在对自己所从事工作的热爱，无论你是领导还是员工，都要把单位当成自己的家来关心和热爱。如果一个人不热爱自己的工作或不热爱自己所在的单位，天天炒作自己，甚至四处传播单位如何不好，这种人就不是一个忠诚的人。

美国钢铁大王安德鲁·卡内基是一个对自己公司和岗位忠诚的典范：卡内基刚到公司时是一名普通工人，但是他勤于学习和工作，在每天长达12小时辛苦劳作后，还抽空学习各种技术，以弥补自己正规教育的不足。一天工间休息，别人都在喝咖啡和闲聊，他在一旁看技术书，他的领导看到了对他讲：学这些东西，对你没有用处。可是卡内基说：我想，掌握这门技术的我一定会比现在的我更能为公司所需要。就这样他坚持了下来，慢慢地做了部门的经理。这时有公司来挖他，猎头向他讲：你的工作能力强、成绩大，公司给你的薪水太少了。卡内基的回答是：正因为我为公司付出的多，索取的少，才更体现出我在这个公司的价值。后来卡内基做了钢铁公司的总裁、董事长，他把卡内基钢铁公司发展成为世界最大的钢铁公司，与洛克菲勒、摩根齐名成为美国经济的“三巨头”。

忠诚是对事业负责的动力。忠诚的态度是敬业的土壤，在这片土壤上盛开的是世界上最美的花朵！这种对事业深厚的情感会给人无穷无尽的财富。本杰明·富兰克林说过：“如果说，生命力使人们前途光明，团体使人们宽容，脚踏实地使人们现实，那么深厚的忠诚感就会使人生正直而富有意义。”忠诚是立足之本，立业之基。

（选自《成功之路》2007年第7期，总第79期）

第二章　立人德在先

君子忧道不忧贫。——孔子

职业道德基本规范是在职业道德核心、原则指导下形成的，它是职业从业人员都应当遵守的职业行为准则。职业道德基本规范告诉人们在职业活动中应该做什么，不应该做什么；应该怎样做，不应该怎样做。它既是从业人员调解和解决职业活动中各种关系、各种矛盾的行为准则，也是评价从业人员职业活动和职业行为是非善恶的具体标准。各行各业的劳动者只有明确并掌握职业道德规范，才能在职业活动中把职业道德要求变成职业行为，才能协调好各种关系，解决好各种矛盾，出色地完成各项工作任务。

《公民道德建设实施纲要》明确提出了包括“爱岗敬业、诚实守信、办事公道、服务群众、奉献社会”五条基本规范。其中，爱岗敬业是职业道德的核心和基础；诚实守信是职工在社会中生存和发展的基石；办事公道是处理职场内外关系的重要行为准则；服务群众是职业道德要求的目标指向的最终归宿；奉献社会是职业道德的本质特征。

第一节　不学礼，无以立

每课诵读

子曰："不知命，无以为君子也。不知礼，无以立也。不知言，无以知人也。"

读故事

不闻过庭语：讲的是孔子和他儿子孔鲤的故事，有一天孔子站在庭院里，他的儿子孔鲤"趋而过庭"，什么叫"趋"呢，"趋"就是小步快走，是表示恭敬的动作，在上级面前、在长辈面前走路要"趋"，低着头，很快地这样走过去，这叫"趋"。那么孔鲤看见父亲孔子站在庭院里面，于是低着头"趋"，孔子说："站住，学诗了吗?""没有"。"不学诗何以言（不学诗你怎么会说话）?""是"，"退而学诗"。又一天，孔子又站在庭院里，孔鲤又"趋而过庭"，孔子说："站住，学礼了吗?""还没有。""不学礼何以立（不学礼你怎么做人）?""是"，"退而学礼"。

明道理

一、文明礼貌的含义

文明是人类社会历史发展过程中所创造的物质财富和精神财富的总和，是社会进步和开化状态的标志。它表明一个国家、一个民族甚至整个人类社会开化和发达的程度。礼貌是人际交往过程中相互之间表示友好和尊重的言行方式和规范的总称。在社会主义社会，一切人际交往的场合，都有文明礼貌的规则。如社交场合的礼貌，同学、同事之间的礼貌，家庭成员、亲朋之间的礼貌，师生之间的礼貌，等等。

中华民族素有“文明古国”、“礼仪之邦”之称，文明礼貌是中华民族的传统美德，也是社会主义精神文明建设最基本的内容。古人就有“温、良、恭、俭、让”的习惯和美德。在新时代，我们应将之发扬光大，并不断赋予其新的时代内容。

【名人名言】亲善产生幸福，文明带来和谐。

——雨果

在建立社会主义和谐社会的过程中，文明礼貌起着重要作用。它可以使人际和谐，加强人们之间的团结，促进家庭的和睦，改善社会道德风气，提高社会的文明程度。

二、文明礼貌的重要性

首先，文明礼貌反映着一个人的道德修养水平。在社会文明高度发达的今天，文明礼貌作为一个人的道德水准之一，越来越受到人们的重视，它是做人的基本道德要求。“千学万学，学做真人”是时代对人们尤其是对广大学生的要求。一个人从咿呀学语到成为一个社会职业者，必须学会与周围的世界和谐相处。遵守人与人、人与世界相处的规范，文明礼貌是首要规则。《论语》说：“君子敬而无失，欲人恭而又礼，四海之内，皆兄弟也。”这说明文明礼貌能给人带来愉悦和谐，带来情感的交流，这既创造了充满爱心的环境，也能给自己带来快乐和温馨。一个微笑、一声“谢谢”、一句“对不起”等，都是文明的象征、和谐的音符。

歌德说：“一个人的文明礼貌是一面照出他肖像的镜子。”一个缺乏教养、满嘴脏话、不懂礼节、不懂礼貌的人，是很难与人相处、受到人们欢迎的，也就无法得到人们的尊重、被他人接纳，更谈不上人际关系的和谐、立足社会发展自己的事业。正如孔子所说："不学礼，无以立。"

其次，文明礼貌是一个人事业成功的基本素质。随着社会主义市场经济的不断发展和完善，勇于参与竞争、善于与人合作是一个人事业成功的必备素质。一个讲文明、懂礼貌的人才能与他人建立起良好的人际关系，与人友好地合作；才能充分发挥自己的智慧才能，最终促进事业的成功。文明礼貌是一种道德修养，是事业成功者必备的职业素质。

【名人名言】礼貌不用花钱，却能赢得一切。

——蒙塔古

最后，文明礼貌是人际关系和谐的润滑剂。戴尔·卡内基在《成功之路》一书中导出了一条公式：个人成功 = 15% 的专业技能 + 85% 的人际关系和处世技巧。这个公式强调了人际关系和处世技巧的重要性。文明礼貌作为一种处世技巧，是一个人思想道德水平、文化修养、交际能力的外在表现，反映一个人的文明程度。一个讲道德、懂礼仪的人，在人际交往中能增加自己的亲和力，被众人接纳的程度高，能迅速与周围的人和谐相处，这样有利于建立起良好的人际关系，迅速打开局面，开创自己的事业。

【名人名言】和谐可亲的态度是永远的介绍信。

——培根

三、文明礼貌的基本要求

作为职业道德基本规范，文明礼貌是一从业者内在的道德修养和外在形象的体现，是建立良好人际关系、营造良好事业发展环境、促进事业成功的基本素质。对中职生而言，应从以下几个方面要求自己：

（一）尊重他人、互相尊重

尊重他人、互相尊重是文明礼貌的首要原则。世界上没有两片完全相同的树叶，社会生活中也不会有两个性格完全相同的人。在交往过程中，每个人都应尊重他人的愿望、人格、情感、爱好、习惯及劳动等，不强求于人，不强加于人，不以自己的好恶为标准去评价他人，珍惜他人的劳动成果，这样才能建立起和谐、友好的人际关系；同时也只有尊重了别人，才能要求别人尊重自己。“霸王行为”、“老子天下第一”的心理等都是对他人的不尊重，影响良好人际关系的建立。孟子说的“爱人者，人恒爱之，敬人者，人恒敬之”就是这个道理。

（二）言行举止文明

语言是人类交流的工具，人们通过语言交流着思想和感情。不同的语言，产生着不同的效果。俗话说：“良言一句三冬暖，恶语伤人六月寒。”语言既可以激化矛盾，也可以拉近人们心灵的距离，甚至还可以化解仇怨。举止是一个人的行为和动作，是一个人道德和人格修养的外在表现之一，是社交中无声语言，反映着一个人性格、品质、情趣、素养和生活习惯等。“立如松、坐如钟、行如风、卧如弓”就是对优美举止的形象概括。在交往中，一个人要做到行为有度、礼节得体、不卑不亢、落落大方。有人认为在公共场所大声喧哗、吸烟、随手乱扔垃圾、不尊老爱幼等是小事，甚至是潇洒。殊不知恰恰是这些日常生活中的不文明举止反映了一个人的文化修养水平和文明程度，使人疏而远之，影响自己社交活动的展开，阻碍日后事业的发展。因此，在人际交往中，应力求使自己的言行举止符合文明规范的要求，从小事做起，从我做起，通过不断完善自我修养，提高自己的人格魅力。

【名人名言】一言之美，贵于千金。

——葛洪

（三）谦虚礼让，仪表文明

谦虚礼让是中华民族的传统美德，毛泽东曾说“谦虚使人进步，骄傲使人落后”。我们常把谦让作为衡量一个人是否文明的标准。例如，青年人对长者的谦让是有教养的标准、从业人员对顾客的谦让是具有良好职业道德的标志等。具有谦逊精神的人，胸襟宽广，有涵养、有气度，处处体现着对他人的尊重。假如人人都能做到谦让，必会促进人际关系和和谐社会文明程度的提高。仪表是指一个人的外表和气质、风度。仪表文明就是要着装整洁得体，端庄大方。仪表在一定程度上反映了一个人的品质、修养和志趣，往往决定着给人的第一印象，直接影响到人们对自己的评价。优美的仪表是个人的宣传书，能给人留下良好的印象。

见贤思齐

李嘉诚的让利哲学

李嘉诚在给青少年的10条处事准则中，重要的一条谈到了“让”的哲学，即让利与得利的关系。曾有记者询问李嘉诚与地铁公司、汇丰银行合作成功的奥妙，他说：“奥妙实在谈不上，我首先得顾及对方的利益，不可为自己斤斤计较。对方无利，自己也就无利。要舍得让利使对方得利，这样，最终会为自己带来较大的利益。我母亲从小教育我不要占小便宜，否则没有朋友，我想经商的道理也该是这样。”

李嘉诚关于“让”的认识超人一等，如他对“止己之利”的观点是：“先让利后谋利”、“宁亏自己之利，也不亏大家之利”、“舍小利才可取大利”。这都是非常成熟的商业运作策略，正是因为这种对“让”的哲学思考，李嘉诚能够恪守诚信经商、止己之利以回报社会，奉献精神，大为可嘉！在李嘉诚宽敞明亮的办公室墙壁上，悬挂着笔力遒劲的两个字：“知止。”这是李嘉诚之所以在为人、处世、经商等方面均高人一筹，成为商界的“终极教练”的秘密。商人之财，多败在不知让，总想以贪欲之心占得天下大小之利，大有满盘皆收的冲动。这是可悲的。

时时提醒自己凡利皆要让于人，不可独占，“华人首富”李嘉诚对此早有深思。隋朝大儒文中子说道：“众逐利而富寡，贤让功而名高。利大伤身，利小惠人，择之宜慎也。天贵于时，人贵于明，动之戒也。”财富是逐利之果，利大可以毁掉人，财富之巨同样可以毁掉人。李嘉诚的让利与得利的哲学，与真理相合。从利小到利大再到让利，是一个积累财富人生的奋斗过程。也许，大多数人的眼光都过多地关注李嘉诚身上的财富光环，而对其内心世界或内心层次的理解失之肤浅，但是这恰好是李嘉诚以让利为上的关键。李嘉诚是一个舍得让利使对方得利最终实现双赢的智者，即他明确自己每一次行动的目的和可靠性，克制住自己带有危险性和毁坏声誉的每一种行为。他曾说：“凡是都要留有余地。”这是自己经商环节中传统处世哲学的精髓。在李嘉诚看来，世上之事，皆有物极必反之理，过度的行为只能导致失败的结局。此等经商让利与得利之要义，是李嘉诚一生的商道！

第二节　干一行，爱一行

每课诵读

咏牡丹

作者：王溥

枣花至小能成实，
桑叶虽柔解吐丝。
堪笑牡丹大如斗，
不成一事又空枝。

读故事

木匠与房子

有一位手艺高超的木匠，因为年事已高就要退休了。他告诉他的老板：他想离开建筑业，然后和妻子儿女享受一下轻松自在的生活。老板实在舍不得这样好的木匠离去，所以希望他能在离开前再盖一栋具有个人品位的房子来。木匠欣然答应了，但令人遗憾的是，这一次他并没有很用心。他草草地用劣质的材料就把这间屋子盖好了。其实，用这种方式来结束他的事业生涯，实在是有点不妥。房子落成时，老板来了，顺便看了看，然后把大门的钥匙交给这个木匠说："这就是你的房子了，是我送给你的一个礼物！"木匠实在是太惊讶了！当然也非常后悔。因为如果他知道这间房子是他自己的，他一定会用最好的木材、用最精致的工艺来把它盖好。其实我们每个人自己正在做的工作，归根结底都是在准备为自己建造一间房子。如果我们不肯努力地去做，那么我们最终只能住进自己为自己建造的最后的也是最粗糙的"房子"里。

明道理

一、爱岗敬业的含义

爱岗敬业是全社会大力提倡的职业道德行为准则，是国家对人们职业行为的共同要求，是每个从业者应当遵守的共同的职业道德。爱岗是指从业人员热爱自己从事的职业，热爱自己的工作岗位，用正确的态度对待各种职业活动，培养对工作的幸福感和荣誉感。一个人只要热爱自己的职业，就会全身心地投入职业中，在平凡的工作岗位上干出不平凡的事业。李素丽、袁隆平的事迹就证明了这一点。敬业是指从业人员以严肃、恭敬、负责的态度对待自己的工作，兢兢业业、尽职尽责、勤奋上进，它是爱岗的升华。爱岗敬业体现的是牢固的专业思想、勤勉的工作态度、强烈的事业心和奉献精神的统一，即通常所说的干一行、爱一行、钻一行、精一行。雷锋的“钉子”精神和“螺丝钉”精神就是爱岗敬业的光辉写照。

二、爱岗敬业的重要性

（一）爱岗敬业是对从业人员的职业道德要求

职业道德是从业人员的必备素质，它首先通过爱岗敬业表现出来。爱岗敬业是社会主义职业道德最基本的要求。具备爱岗敬业思想的人，就会有浓厚的职业情感和正确的职业态度，其职业表现也会优秀。在职业活动过程中，会将本职工作视为人生的神圣职责，自觉遵守职业纪律和职业道德规范，将自己的毕生精力和聪明才智用于职业发展，履行自己的职责，推动社会的进步与发展；相反，如果一个人抱着“做一天和尚撞一天钟”的思想，就做不到爱岗敬业，就会丧失职业责任心、职业荣誉感和爱岗敬业的职业精神，无法形成高尚的职业品质和职业信念、推动社会快速发展。

（二）爱岗敬业是中职生职业准备的重要内容

每个中职生都希望在未来的人生舞台上有所创造，做好职业准备是实现职业理想的重要内容，养成爱岗敬业的职业态度是做好职业准备的关键。态度决定一切，爱岗敬业的职业态度能使学生明确学习目的，端正学习态度，激发求知欲望，强化职业责任感，从而以社会的需求来确定自己的职业目标。这就要求一方面要树立正确的人生观，懂得人生的意义，用为人民服务、为社会做贡献的职业动机武装自己，自觉地按照社会发展的需要确立自己的职业道路；另一方面要培养强烈的职业情感，充分认识所学专业对应的职业在整个社会中的重要地位，培养对未来职业工作的兴趣和爱好，为今后真正做到爱岗敬业打下坚实的基础。

（三）爱岗敬业是事业成功的必要素质

职业活动是人生活动的重要内容，一个人人生价值的实现、对社会的贡献主要是通过本职工作来完成的。爱岗敬业是职业道德的核心和基础，是人生事业成功必备的职业素质。它可以提高人们的事业心，推动着人们为实现职业理想而献身于本职工作。一个具有爱岗敬业精神的人往往会为了实现自己的职业目标，不计得失，任劳任怨，甘于奉献，勇于创新，敢于探索，努力提高自己的工作水平。为了事业的成功，认真履行自己的职业责任，生命不息，奋斗不止。

三、爱岗敬业的基本要求

爱岗敬业是为人民服务精神的具体化，是社会主义职业道德一切基本规范的基础，是衡量一个从业人员是否具有职业道德的首要标志。它反映的是从业人员积极主动的工作态度，是社会主义道德的客观要求。爱岗敬业通过乐业、勤业、精业表现出来。

（一）乐业

乐业就是喜欢自己的专业，热爱自己的本职工作，把职业生活看成一种乐趣、一份责任。乐业具体体现在职业情感和职业行为两个方面。职业情感是人们对自己的职业所持的好恶、倾慕和鄙夷的情绪和态度。热爱一项工作，就会对它有一种崇高的职业尊严感和荣誉感、明确的事业心和成就感，有自信心和自尊心，深信自己的工作有益于国家、民族和他人。李素丽说得好："不管有多少烦心事，只要一坐到票台前为乘客服务，我就特别开心，什么烦恼都忘了。"这说明一个人只要热爱自己的本职工作，就会有积极的工作热情和激情，有着无尽的动力。内心的职业道德情感通过职业行为表现出来，影响着人们的工作态度和工作作风。徐州下水道四班，30 多年来在艰苦的工作条件下，以"宁肯一人脏，换来万人净"和"辛苦我一人，造福千万家"的敬业乐业精神，在平凡的工作岗位上创造了不平凡的业绩，受到社会和广大群众的广泛赞誉和尊重。

见贤思齐

一个妙龄少女来到一家酒店当服务员，这是她初涉职场的第一份工作。所以她非常激动，暗下决心：无论如何都要好好干！然而让她意料不到的是，领班指派她先从冲洗厕所干起。女孩生性喜好清洁，以前没有干过脏活。因此，每次洗马桶对她来说都是无法忍受的事情。而领班的要求近乎苛刻：务必把马桶擦洗得光洁如新！她明白自己不能胜任这一工作，“光洁如新”的要求实在难以达到，于是她开始打退堂鼓，想换一份工作。

正在此时，酒店里一位颇有阅历的前辈恰好出现在她面前帮她解脱了困惑，更关键的是，帮她认清了未来人生道路的走法。这位前辈没有说什么空洞的大道理，就亲自做了示范给她看。一开始，他便一次又一次地冲洗着马桶，直到光洁如新，闪亮照人；而后，他从马桶里盛了满满一杯水，仰头一饮而尽，毫不犹豫。他没有说一句话就让少女领悟到一个最为简明朴素的道理，唯有当马桶中的水可以达到放心大“喝”的清洁程度，才能说是“光洁如新”，而这一点已经被眼前活生生的事实证明是完全能做得到的！之后，他还送给她一个含蓄而富有深意的微笑，用鼓励的眼神看着她，这已经足够了。她早已被前辈的行为震撼得无以言表，从身体到灵魂都在震颤。因此，女孩子痛下决心：“哪怕穷尽一生冲洗厕所，也要充当一名冲洗厕所最出色的人！”

从那时起，她彻底成为一个令人振奋、焕然一新的人，为了严格验证自己的自信心和工作质量，她也曾多次开怀“畅饮”马桶里的水。几十年光阴荏苒流逝，那个女孩一步一个脚印，一步一个台阶，正像她所希望的那样，获得成功。

（二）勤业

勤业是指从业人员恪尽职守，认真负责，奋发努力，坚持不懈。做到这一点，一要勤奋，二要刻苦，三要顽强。勤奋就是要做到脑勤、眼勤、手勤、脚勤，这是提高学习和工作效率的关键；顽强就是要有勇气、有毅力去克服职业生活中随时遇到的各种困难。著名“杂交水稻之父”袁隆平从1964年开始从事杂交水稻的研究工作，从三系杂交水稻到超级杂交水稻，经过了36年的不懈努力，取得了令世界瞩目的骄人战绩，自推广杂交水稻以来，已累计增产稻谷3600亿千克，产生了巨大的经济效益和社会效益。如果袁隆平经不起工作中的各种艰难困苦，不能克服职业生活中遇到的各种难题，那么他就成不了感动中国乃至世界的人物。

见贤思齐

第一次实习的教训

作者：朱红锋

大学一年级的时候，对枯燥的新闻理论知识实在提不起兴趣。熬到暑假，家里通过一些关系为我争取了一个去当地电视台实习的机会，让我在实践中培养兴趣。

刚进台里，一位经验丰富的记者对我说：“实习，最重要的是弄清楚这个职业需要什么，自己要学什么，弄清了这两个问题，你实习的目的就达到了。”我并没放在心上，怀着满心的好奇和欢喜，期待跟随记者们一块儿出去跑新闻。

第一次出去是跟随两位较年长的记者，目的地是县城附近一个闹水灾的村庄。由于台里用车紧张，我们需要自己搭车去，中间还要转坐小巴，那段路很崎岖，我们花了两个多小时一路颠簸着才到达采访地。然后摄像记者开始拍素材，文字记者四处了解灾情，采访村干部和受灾村民。我则兴高采烈地跟在旁边递话筒，提摄像包，做一些记录等打杂工作。开始我还兴趣盎然，但是过了大半天就觉得又饿又累，加上天气燥热，浑身不舒服，到返程时已近黄昏了。回到家，我冲着爸妈直嚷：“第一天实习就累得够呛！”然后倒在沙发上不想动弹了，心里却在打着小九九：“下次可要留心点，坚决不去这种地方了。”

在台里，由于大部分的采访任务都是提前安排好写在办公室的小黑板上，第二天我特意去看了一下，大多又是派到灾区的，只有燕姐是被派到市里的税务局。我心中迅速打起了小算盘：“今天就跟燕姐出去，在市里肯定不会像在灾区那么累了。”于是在所有人集合准备出发时，我赶紧跑去跟燕姐搭讪：“今天带我去学习学习吧。”燕姐很爽快地答应了。

果然，这次采访格外轻松，不仅不用晒太阳，还被招待在冷气室里吃水果喝冷饮，只见燕姐在向局领导了解税收情况并做着记录，同行的摄像师很快便采好了需要的镜头。我暗自得意于自己先前的“英明决定”，想想另外几个实习生现在一定在灾区忙得喘不过气，叫苦不迭吧。

燕姐告诉我，她这两个月都需要做关于税务的专题，是一个带广告宣传性质的系列报道，所以总得往税务局跑。我一喜，脱口而出：“那好啊，我以后都跟你混啦!”

就这样，我轻轻松松地度过了整个实习期。

实习结束时，已经和我很熟的燕姐在我的实习鉴定表上写上几句诸如“实习期间工作认真，勤奋好学”之类的套话，我竟心安理得地把它揣在包里。

不久后的一次编辑课上，老师让我们去机房实践操作。一个同学跑来请教我关于非线性编辑的一个基础问题：“你在电视台实习的时候应该早接触过这机器了吧，指导一下我啦。”我蒙了，憋了半天只能说：“这个……我……也不知道。”其实别说这机器了，就是小摄像机我都没把握能操作呀，实习时连碰都没有碰一下。

就在我双颊发烫的时候，想起了那位资深记者说的话：实习，最重要的是弄清楚这个职业需要什么，自己要学什么。这个职业需要什么？我要学什么？我会什么？一连串的问号如小锤子般敲击着我的脑门。我恍然，任何一个问题我都无法给出答案，我什么都没弄明白，还妄自得意，整个实习我一无所获，导致这个结果的是我的无知和懒惰。

（三）精业

精业是指对自己从事的职业业务纯熟，技能高超，并不断地进取，有所发明和创造。在市场激烈竞争的情况下，“精业”已成为企业选拔人才的首要条件。如著名的美国麦当劳快餐店在招收员工时，把“精业”放在了首位。

见贤思齐

熟能生巧

明朝万历年间，中国北方的女真为患。皇帝为了要抗御强敌，决心整修万里长城。当时号称天下第一关的山海关，却早已年久失修，其中“天下第一关”的题字中的“一”字，已经脱落多时。

万历皇帝募集各地书法名家，希望恢复山海关的本来面貌。各地名士闻讯，纷纷前来挥毫，但是没有一人的字能够表达“天下第一关”的原味。皇帝于是再下诏书，只要能够中选的，就能够获得重奖。经过严格的筛选，最后中选的，竟是山海关旁一家客栈的店小二，真是跌破大家的眼镜。

在题字当天，现场被挤得水泄不通。官家也早就备妥了笔墨纸砚，等候店小二前来挥毫。只见主角抬头看着山海关的牌楼，舍弃了狼毫大笔不用，拿起一块抹布往砚台里一蘸，大喝一声：“一！”十分干净利落，立刻出现绝妙的“一”字。旁观者莫不给予惊叹的掌声。有人好奇地问他成功的秘诀。他思考良久，才勉强答道：“其实，我想不出有什么秘诀，我只是在这里当了三十多年的店小二。每当我在擦桌子时，我就望着牌楼上的‘一’字，一挥一擦就这样而已。”

原来这位店小二的工作地点正好面对山海关的城门。每当他弯下腰，拿起抹布清理桌上的油污时，这个视角正对准“天下第一关”的“一”字。因此，他不由自主地天天看、天天擦，数十年如一日，久而久之，就熟能生巧、巧而精通。这就是他把这个“一”字临摹得炉火纯青、惟妙惟肖的原因。

乐业、勤业、精业，三者相辅相成。乐业是爱岗敬业的前提，是一种职业情感；勤业是爱岗敬业的保证，是一种优秀的工作态度；精业是爱岗敬业的条件，是一种对完美的执着。

第三节 言必信，行必果

每课诵读

侠客行

作者：李白

赵客缦胡缨，吴钩霜雪明。
银鞍照白马，飒沓如流星。
十步杀一人，千里不留行。
事了拂衣去，深藏身与名。
闲过信陵饮，脱剑膝前横。
将炙啖朱亥，持觞劝侯嬴。
三杯吐然诺，五岳倒为轻。
眼花耳热后，意气素霓生。
救赵挥金锤，邯郸先震惊。
千秋二壮士，烜赫大梁城。
纵死侠骨香，不惭世上英。

谁能书阁下，白首太玄经。

读故事

没办法用谎话赢到底

鲍德温曾是亚利桑那州凤凰城的一位英语教师，还做过一段房产经销商。从20世纪60年代开始，她投身美国奥委会的工作，当过董事和财务总管。1996年，她出任美国奥委会副主席，对美国奥委会工作贡献不小。2000年12月，她又众望所归地当选为美国奥委会主席，成为奥运百年来的第一位女主席。

2002年5月，鲍德温应邀回到母校科罗拉多大学为学生们作演讲，她的精彩演讲，深深地打动了在校的年轻学生。《科罗拉多报》记者多利·佩格拉满怀崇敬的心情，要为这位备受尊敬的老校友写一篇文章，介绍她不凡的经历和取得的成就，结果在收集资料时却意外地发现，科罗拉多大学的数据库里既没有鲍德温的名字，也没有她的毕业记录。记者多利·佩格拉从美国奥委会了解到，鲍德温的履历上一清二楚地写着：1962年毕业于科罗拉多大学，获英语学士学位；1967年获得亚利桑那州立大学文学博士学士。对此，人们从来没有提出过疑问。

这一事件一经报道，立即引起人们的关注。鲍德温究竟是否毕业于科罗拉多大学，是否获得了亚利桑那州立大学的文学博士学位呢？记者多利·佩格拉决心搞清楚这个问题。

正在马来西亚参加国际奥委会会议的鲍德温，及时得知了这个消息，她立即以“处理个人的紧迫问题”为由请假，返回亚利桑那州凤凰城的家里，并立即与美国奥委会委们举行了电话会议。

她开诚布公地承认自己以往填报履历中的学历是假的。事实上，她于1959年就离开了科罗拉多大学，于1962年毕业于亚利桑那大学。她在亚利桑那大学读了硕士，但没有完成论文答辩，更没有拿到博士学位。她还后悔莫及地说："有人说我对自己期望太高，看来确实是这样。我总是想出人头地，却做了蠢事，我本应该早就改过来，现在，我不得不吞谎言的苦果。"最后，她不得不郑重声明："我将辞去美国奥委会主席的职务，为我自己的过错承担一切责任。"

随后，她向美国奥委会首席执行官罗伊德·瓦德提出辞职。她态度非常诚恳地说："尽管我对美国奥委会非常有感情，我为它做了很多事，但我必须立即辞职，只有这样才能减少对美国奥委会的不利影响。"

鲍德温辞职之后，她也就失去了担任国际奥委会委员的资格，失去了担任国家奥委会主席的资格，失去了泛美运动组织执委的资格，接受她辞职的罗伊德·瓦德说："对鲍德温和奥林匹克大家庭而言，这是一个伤感的时刻。她在认真考虑后，做出了对美国奥委会和奥林匹克运动最有利的决定。"国际奥委会主席罗格表示："过去，鲍德温在国际奥委会中一直干得很好，得到了大家的敬重。现在，我感到很遗憾，她不能继续与我们一起工作了。这无论对美国奥委会还是国际奥林匹克运动都是一大损失。但她选择辞职是正确的，这是涉及名誉的最重要的决定，她采取了她应该采取的行动。"

在美国体育界，虚假学历问题一旦被揭露，如果不主动辞职，就将被迫辞职。如美国前总统尼克松，在国民的强烈要求下于 1974 年 8 月 8 日辞职，就是因为他在"水门事件"的录音带问题上撒了谎。

有的人能用谎话在一段时间欺骗所有人，有的人能用谎话在所有时间欺骗一些人，但没有人能用谎话在所有时间欺骗所有人。谁说谎话，谁就将失去信誉；谁失去信誉，谁就将被淘汰出局，谁就将被历史所抛弃。如果说诚实守信是走向成功的通行证，那么说谎失信就是走向失败的判决书。在这个世界上，谁都没有办法用谎话赢到底。

（选自《青年博览》2008 年第 18 期）

明道理

（一）诚实守信的含义

诚实守信就是忠诚老实，守信无欺。诚实和守信意思相通，诚实是守信的基础，守信是诚实的具体体现。诚实守信是中华民族的传统美德，是“立国之本”、“做人之本”，是国之所以强大、人之所以为人的最重要的品德。成语“一诺千金”便赞颂了古人季布重诚信的品德，司马迁用“得黄金百斤，不如季布一诺”来赞美他。

（二）诚实守信的重要性

1. 诚实守信是做人之本

法国作家大仲马说：“一个人的信用就是生命。当一个人坚守信用时，他会获得荣誉；而当他背弃信用时，就会声名狼藉。”“狼来了”的故事、周幽王“烽火戏诸侯”的故事都讲明了一个道理，违背誓言、编造谎言终究会自食其果。诚信是做人的基本准则，从古至今，那些仗义执言、诚实正直的人一直受到世人的推崇和敬重。如唐代的宰相魏征敢于直谏，被唐太宗视为“人镜”。而现在的许多学生认识不到它的重要性，考试作弊、说谎话等屡见不鲜，其结果是误了学业，害了自己。可见，诚信是内心和外部行为合一的道德修养境界，是真、善、美的统一，是人应具备的基本的道德品质，是做人之本。

【名人名言】人无忠信，不可立于世。

——程颐

见贤思齐

曾子杀猪

曾子的妻子到市场上去，她的儿子要跟着一起去，一边走，一边哭。妈妈对他说："你回去，等我回来以后，杀猪给你吃。"妻子从市场回来了，曾子要捉猪来杀，他的妻子拦住他说："那不过是跟小孩子说着玩的。"曾子说："决不可以跟小孩子说着玩。小孩本来不懂事，要照父母的样子学，听父母的教导。现在你骗他，就是教孩子骗人。做妈妈的骗孩子，孩子不相信妈妈的话，那是不可能把孩子教好的。"于是曾子把猪给杀了。

2. 诚实守信是从业人员必备的职业道德素质，是各行各业的生存之道

诚实守信是职业道德的一项基本要求，适用于各行各业，是从业人员必备的职业道德素质。从业人员做事不仅代表个人，还代表着自己的单位。从业人员的信誉度决定着单位的信誉度。如党员干部的形象昭示着政府的形象，新闻工作者的工作态度决定着新闻在社会上的影响力，商品生产经营者的信誉还操纵着企业的生命。如2004 年曝光的假奶粉事件使安徽阜阳 171 名儿童受到毒害，吞噬了13 条可爱的小生命，使企业的发展受到重创；相反，同仁堂 300 多年来长盛不衰，靠的就是"德"、"诚"、"信"，把讲信用、保证药物质量作为重要的职业道德规范。可见，各行业之间的竞争，最根本的就是信誉和质量的竞争。

3. 诚实守信是维系良好的市场经济秩序必不可少的道德准则

市场经济是竞争经济，还是信用经济。竞争是公开的、激烈的、无情的，它反对无序、不择手段、不公平和言而无信。守信是市场经济最直接的道德基础，没有了信用，就没有秩序，市场经济就不能健康发展。诚信是商品交换和经济交往的纽带，是良好的信誉，是企业的生命，是市场经济的内在要求。如果一个企业只是一味追求利润，采用欺诈手段，用不了多久就会破产。

总之，诚信是一种品行和责任，是一种道义和准则，是一种声誉和资源。它能保证正常的生产生活秩序，维护国家良好的国际形象，有利于物质文明和精神文明的和谐发展。

（三）诚实守信的具体要求

1. 忠诚于所属企业

忠诚于所属企业就是在心中始终装着企业，总是把企业的兴衰成败与自己的发展联系在一起，愿意为企业的兴旺发达贡献自己的一份力量。忠诚所属企业就应该：第一，诚实劳动。诚实劳动是衡量一个劳动者个人素质高低的基本尺度，是一个劳动者人生态度、人生价值和人生理想的外在反映。市场经济条件下的利益驱动，极有可能出现不诚实劳动的现象，如出工不出力、以次充好、缺斤少两、专造假冒伪劣产品。中职生应牢记诚实劳动。第二，要遵守合同。合同是行为主体为实现自己特定的目的，在自愿、公平、诚实信用原则下订立的对双方具有同等约束力的法律文书或准法律文书。诚信是双方的，无论签订合同还是履行合同，双方都要信守承诺，按合同约定不折不扣地履行自己的义务。对可能出现的困难或风险及早防范，努力克服，对因自身原因给对方造成的损失尽力弥补和赔偿。“己所不欲，勿施于人”，“欲律于人必先律己”，这样才能达到双方的目的。有的学生在求职过程中随意签订就业协议，转而又另攀高枝，使自己的诚信受到破坏，产生不良影响。我们一定要记住林肯的话：“你可以骗某人一世，也可以骗众人一时，但不能骗众人一世”，要时刻鞭策自己，铸就“诚信”大旗，开创美好明天。

【名人名言】诚实是人生命的命脉，是一切价值的根基。

——德莱塞

2. 维护企业信誉

信誉是企业形象的重要方面。一个企业一旦在消费者或客户心中确立了良好的信誉，也就在一定程度上树立了该企业的社会形象，从而给企业带来巨大的效益。

企业信誉和形象的树立，主要依赖以下三个因素：一是产品质量，二是服务质量，三是信守承诺。

质量和信誉一样是各行各业的生命，信誉靠质量来保证。在充满竞争的市场经济体制下，各行业要树立强烈的质量意识，把讲究质量放在第一位，以质量求生存和发展。生产者要讲究产品质量，员工要树立“质量第一”观念，尽职尽责，为用户着想，严把质量关。第三产业和政府机关、公共部门要讲究服务质量，工作人员要用优质的产品、优良的服务态度、方便消费者的服务方式、高超的服务技术、便捷的服务设施和优美的环境，为顾客或群众提供最满意的服务。如山东青岛海尔集团讲诚信、求质量，产品深受广大用户欢迎，利润滚滚而来。海尔产品遍及世界 160 多个国家和地区，1993 年以来为国家上缴税金 52 亿元。这说明质量观念已深入人心，没有质量企业就无法生存。中国建设银行的“我的微小疏忽，可能给客户带来很大麻烦，我的微小失误，可能给建行带来巨大损失”的警言，体现了金融战线上工作人员对服务质量的高要求。

见贤思齐

汽车维修店

一个顾客走进一家汽车维修店，自称是某运输公司的汽车司机。“在我的账单上多写点零件，我回公司报销后，有你一份好处。”他对店主说。但店主拒绝了这样的要求，顾客纠缠说：“我的生意不算小，会常来的，你肯定能赚很多钱！”店主告诉他，这事无论如何也不会做。顾客气急败坏地嚷道：“谁都会这么干的，我看你是太傻了！”店主火了，他要那个顾客马上离开，到别处谈这种生意去。这时，顾客露出微笑，并满怀敬佩地握住店主的手：“我就是那家运输公司的老板。我一直在寻找一个固定的、信得过的维修店，我今后常来！”

面对诱惑，不心动，不为其所惑，虽平淡如行云，质朴如流水，却让人领略到一种山高海深的境界。这是一种闪光的品格——诚信。

3. 保守企业秘密

商场如战场，随着信息时代的到来，信息逐渐成为经济发展的一个内在变量，人们对信息的重视更是达到了空前的程度。许多商家和企业十分重视收集市场行情的各种信息，以抓住商机，获取成功。这就使企业的商业信息变得至关重要。作为所属企业的职工都有义务和责任保守企业的秘密。

为保守企业秘密，从业人员应该做到：第一，闲谈莫论或少论企业的事情。第二，要谨防亲朋好友泄密。第三，相信一句名言：沉默是金。我们所说保守企业秘密，是从正面、积极意义上讲的，对于一些商家和企业从事非法生产和销售的黑幕，每一个从业人员不但不能为其保守“秘密”；相反，还要大胆地予以检举揭发，投诉举报。从业人员如果知情不报，不仅要受到良心的谴责，而且还会被追究法律责任。

见贤思齐

罗斯福任美国总统以前，在海军部供职。某日，一位朋友问及海军在大西洋的一个小岛筹建基地的秘密计划。罗斯福特意向四周望了望，然后压低声音问：“你能保守秘密吗？”

“当然能。”“那么”，罗斯福微笑着说，“我也能”。

第四节　是非分明，世有正则

每课诵读

石灰吟

作者：于谦

千锤万凿出深山，烈火焚烧若等闲。

粉身碎骨浑不怕，要留清白在人间。

读故事

在美国的某个乡村有个小酒吧叫芬格斯酒吧，老板是个犹太人，美国前国务卿基辛格是犹太人的后裔。一次，他想去这个酒吧体会一下犹太人的民风，前一天他打电话给芬格斯老板说会带10个随从去光顾酒吧，到时请老板把其他的顾客都赶走。芬格斯的老板当即拒绝了他的要求，并说自己的酒吧十多年来一直是依靠这些老顾客才生存下来的，让他赶走顾客他做不到，基辛格只有遗憾地放下了电话。这件事被当时正在酒吧消费的顾客传为美谈，芬格斯酒吧因此生意更兴隆了，并在当年被评为世界优秀酒吧前十五名，它是其中最小的酒吧，理由是：对顾客一律平等！

明道理

一、办事公道的含义

办事公道是指从业人员站在公正的立场上，按照同一原则和同一标准办事的职业道德规范。办事公道是从业人员高尚的职业道德在职业活动中的重要体现。是为人民服务、提高服务质量必不可少的条件。

二、办事公道的重要性

（一）办事公道是从业人员的必备品质

德国哲学家康德说：“如果没有了正义和公道，人生在世就不会有任何价值。”在社会主义社会，任何人在人格上都是平等的，没有高低贵贱之分。从某个方面来说，人的尊严和价值通过他人和社会对自己公平对待来体现。从业人员的这一品质体现着社会的公正，在社会上起着巨大的示范效应，影响着社会关系是否能正常和协调运行。因此，办事公道是每个人尤其是从业人员应具备的品质。

（二）办事公道有助于社会文明程度的提高

正常有序的社会秩序，良好的社会风气及和谐的工作、生活、学习环境是社会文明的标志。社会文明程度的高低与从业者是否具有办事公道的职业道德有着密切的关系。每个从业者在自己的工作岗位上认真履行职责、公正行使职权、不徇私舞弊、不权钱交易、不以权谋私，就会弘扬社会正气，打击歪风邪气，纠正行业不正之风，推进社会文明程度的提高。

（三）办事公道是市场经济良性运作的有效保证

在市场经济条件下，公平竞争、公平交易、公正地处理各项事务，是企业及从业人员应共同遵守的市场规则。企业“人格”的培养和“商誉”的提升，靠的是产品质量、服务及办事公道和信誉。例如，消费者在购买海尔产品时，不只是在购买它的产品，也是在享受它的服务，体会自己做“上帝”的滋味。从业人员的按原则办事，办事公道，有助于形成良好的职业道德，净化社会风气，加强社会精神文明建设。这些都是市场经济良性运作的有效保证。

【名人名言】有公心，必有德。

——杨泉

三、办事公道的基本要求

在大力发展市场经济、扩大改革开放的新形势下，一方面，人们的自主意识、维权意识在增强；另一方面，每个从业者面对着更大的诱惑和考验。拜金主义、享乐主义、实用主义对我们的社会主义道德观念带来了巨大冲击。从业人员要做到不为金钱所惑，不为美色所迷，不为私情所牵，在职业活动中给每一个人以应有的尊重，维护其应有的权利，就必须做到办事公道，公平、公正、照章办事。

（一）要坚持真理，客观公正

坚持真理是指从业人员在大是大非面前立场坚定，头脑清醒，以集体利益为重，自觉抵制腐朽文化思想的侵袭，做到不义之财不取，不仁之事不做，不法之行不为；客观公正是指从客观事实出发，客观公正地判断和处理遇到的问题，公正公平地对待所有当事人。公正公平是职业活动中人们应普遍遵守的道德规范，将公道之心变为公道之行。如老师对待所有学生应一视同行，因材施教，不应分出三六九等；党员干部要为民办事，秉公执政，公平合理；商业者要公平买卖，不欺行霸市，不欺弱小等。

（二）要照章办事，敢于说“不”

这是指严格按照规章制度办事，不折不扣，不徇私情。不能以个人的好恶、亲疏为标准，对不同地位、身份、职业的人采取不同的标准来对待。对错误要敢于拿起批评的武器与之做斗争，克服“好人主义”的思想，增强做人的责任感。如有的人为一己之利，以主流掩盖支流，以成绩掩盖错误，不敢正视消极阴暗面，甚至包庇有“背景”的人，其结果是丧失人格，危害国家、集体和人民的利益。

（三）公私分明

要想做到办事公道，就要做到公私分明。公是指社会整体利益、集体利益，私是指个人利益。职业实践中讲公私分明是指不能凭借自己手中的职权牟取个人私利，损害社会集体利益和他人利益。

人的生存和发展离不开社会，社会是人生存和发展的前提。个体对社会、集体的依赖性，决定了每一个体要自觉地摆正个人在社会、集体中的位置，正确处理个体与社会、集体和他人的关系，维护社会和集体的利益。而处理个体与社会、集体和他人关系的基本要求就是要公私分明。

（四）光明磊落

光明磊落是指做人做事没有私心，胸怀坦白，行为正派。在职业实践活动中，做到光明磊落就是指做人做事没有私心，胸怀坦荡，行为正派。它既是做人的一种高尚品德，也是从业者应该具有的职业要求。在职业实践活动中，做到光明磊落，就是克服私心杂念，把社会、集体和企业的利益放在首位，在看待个人同他人、个人同社会、个人同集体的种种问题时，坚持客观的、正确的标准，做到胸怀坦荡、办事公道；在任何时候、任何情况下，都要说真话，不说假话；说实话，不说空话和大话；干实事，不图虚名；言行一致，表里如一，不搞两面派；勇于开展批评和自我批评，知错就改，绝不文过饰非；善于团结和帮助同志，形成一个团结和谐的工作集体，促进个人和集体事业的共同发展。

见贤思齐

包拯，字希仁，宋朝庐州合肥（今属安徽）人。少年时，包拯就勤奋好学，“不为戏狎”；成年后，他十分注意砥砺名节，立志做一个有所作为和情操高尚的人。宋仁宗天圣五年，未到而立之年的包拯就中了进士甲科，被任命为大理寺评事，出任建昌、天长知县，累迁端州知州、监察御史、御史中丞、三司使等职，卒于枢密副使。他为官二十多年，严于律己，以铁面无私，执法不避亲党著称，是北宋时期最有影响的一位清官，赢得了历代官民的敬重。

生活在朝政腐败、贿赂公行时代的包拯，却十分讲求为官清廉，即使稍不检点的行为，也不能为他所容。包拯在做御史中丞时，曾连续弹劾了两位三司使——张方平和宋祁，他们在朝廷是很有影响力的人物。张方平在执掌三司使大权时，有一个开酒坊的富翁刘保衡，因拖欠官府小麦，折合一百多万钱，借贷无着，只有变卖家产，以偿债务。这时，张方平便廉价收购了刘家的宅院。这桩事被包拯知道后，上奏仁宗，罢免了张方平的三司使职务，贬为滁州知州。新任三司使宋祁，上任前在四川做知州，那时名声就不好，他终日游宴，生活异常豪奢。他代张方平出任三司使不久，就在包拯等台谏官员的一片“交劾”声中，被贬为郑州知州。宋仁宗在连罢两任三司使后，深感需要由一个能廉洁自律的人执掌三司。经过一番权衡，他决定让包拯以枢密直学士的身份代理三司使。可是，“命下之日，外议喧然”，许多大臣都不理解，以为这样会有“取而代之”之嫌，就连曾经极力举荐过包拯的欧阳修，也认为包拯这种做法有“牵牛蹊田而夺之牛”的味道，是“罚已重矣，又贪其富”，做得太过分了。然而，包拯并未因此退却，他毅然接受了这一新的任命。且一改旧制，使“民得无扰”，旋被正式任命为三司使。后官拜枢密副使，再迁礼部侍郎，但辞而不受。

包拯“天资峭直”，从不装出一副假惺惺的面孔取悦于人。他疾恶如仇，执法不避亲党，所有故旧、亲朋的请托，都被他拒绝。他更珍视自身的廉洁，虽贵为朝廷重臣，“衣服、器用、饮食如布衣时”。他最痛恨贪赃枉法的人，曾作遗嘱道：“后世子孙中若有做官的犯了赃罪，生前不得让其进家门，死后也不许葬入包家的坟地。如不遵守我的遗训，就不能算我的子孙。”

包拯死后，包公的形象在戏剧舞台上大放光彩，历久不衰，其中虽有不少夸张的成分，但他一生的功绩和建树是不可磨灭的。至今，安徽合肥的包公祠里，还有一幅对联，称颂他的美德：

照耀千秋，念当年铁面冰心，建谠言不希后福；

闻风百世，至今日妇人孺子，颂清官只有先生。

第五节　克勤于邦，克俭于家

每课诵读

咏史

作者：李商隐

历览前贤国与家，成由勤俭破由奢。

何须琥珀方为枕，岂得真珠始是车。
运去不逢青海马，力穷难拔蜀山蛇。
几人曾预南薰曲，终古苍梧哭翠华。

读故事

季文子

季文子出身于三世为相的家庭，是春秋时代鲁国的贵族、著名的外交家，为官30多年。他以节俭为立身的根本，并且要求家人也过简朴的生活。他穿衣只求朴素整洁，除了朝服以外没有几件像样的衣服，每次外出，所乘坐的车马也极其简单。见他如此节俭，有个叫仲孙的人劝季文子说："你身为上卿，德高望重，但听说你在家里不准妻妾穿丝绸衣服，也不许用粮食喂马。你自己也不注重容貌服饰，这样不是显得太寒酸，让别国的人笑话您吗？这样做也有损于我们国家的体面，人家会说鲁国的上卿过的是一种什么样的日子啊。您为什么不改变一下这种生活方式呢？这于己于国都有好处，何乐而不为呢？"

季文子听后淡然一笑，对那人严肃地说："我也希望把家里布置得豪华典雅，但是看看我们国家的百姓，还有许多人在吃着粗糙得难以下咽的食物，穿着破旧不堪的衣服，还有人正在受冻挨饿；想到这些，我怎能忍心去为自己添置家产呢？如果平民百姓都粗茶敝衣，而我则妆扮妻妾，精养粮马，这哪里还有为官的良心！况且，我听说一个国家的富强与繁荣，只能通过臣民的高洁品行表现出来，并不是以他们拥有美艳的妻妾和良骥骏马来评定的，既如此，我又怎能接受你的建议呢？"这一番话，说得仲孙满脸羞愧，同时也使得他内心对季文子更加敬重。

此后，他也效仿季文子，十分注重生活的简朴，妻妾只穿着普通布做成的衣服，家里的马匹也只用谷糠、杂草来喂养。

明道理

一、勤劳节俭的含义

勤劳节俭是指人们对待劳动及劳动成果的态度与品格。它要求人们热爱劳动，创造财富，珍惜劳动成果，节约财用。勤劳和节俭是相辅相成的，勤劳创造财富，节俭积累财富。只勤不俭，财富不能积累；俭而不勤，无财富源头。从古至今，勤劳节俭都是中华民族的美德。

【名人名言】俭可助廉，又为诸德之母。

——美洲谚语

二、勤劳节俭的重要性

首先，勤劳节俭是做人的基本美德，是兴家立业的法宝。劳动是人和动物的根本区别，是人类对自身能力的尊重和肯定。只有勤于劳动才能实现人生价值，为自己创造更多的财富，并通过劳动体验成功的喜悦，培育坚强的品格，获取更多的知识。也只有节俭才能累积财富，使家庭富裕，发展壮大自己的事业。世界发明大王爱迪生曾说："我的成功是因为有百分之一的天才，再加上百分之九十九的努力。"毛泽东的一件睡衣从20世纪50年代初一直穿到1973年，补丁多达73个，显示了伟大的人格魅力。

其次，勤劳节俭是国富民强的基石，是建设节约型社会的需要。我国的生产力发展水平低，人口多，国家还不富裕，更需要勤劳节俭、艰苦奋斗的精神，才能实现国富民强的愿望。另外，党和政府针对我国目前人口多、资源短缺、环境污染、生态破坏严重等问题，为了实现可持续发展，提出并推进节约型社会的建设，坚持资源开发与节约并重，把节俭放在首位，转变经济增长方式，建立节俭型的消费模式，实现经济的可持续发展。为此，党员干部要发扬党的优良作风，谦虚、谨慎、不骄、不躁、艰苦奋斗，要重视道德修养，勤政务实、克己奉公、以民为本；人民群众要勤劳奋进，以俭为美；学生要牢记勤劳节俭的传统，站在为国、为家、为己、为未来负责的高度上培养这一品德。只有这样，才能实现我们的强国之梦。

【名人名言】贪污和浪费是极大的犯罪。

——毛泽东

三、勤劳节俭的基本要求

勤劳节俭是中华民族最基本、最突出的传统美德。每个人都应树立起“以勤劳节俭为荣，以奢侈浪费为耻”的观念。为此，应从以下几个方面来要求自己：

（一）正确认识勤劳节俭

首先，要认识到人类社会的发展离不开物质文明和精神文明，正是人类的勤奋劳动才创造出了光辉灿烂的文明，推动着人类历史的进步；正是个人的不懈努力，才有了诸多的成功者。只有劳动者，尤其是勤劳者，才是最光荣、最可爱的人。

其次，要认识到节俭不是吝啬，而是要求消费与需求的对等，主张“适度”，注重的是生活的全部内涵和质量。现在一些学生错误地认为节俭是吝啬的表现，是掉价、没面子、没本事的表现；认为会花钱的人才会挣钱；甚至还有人认为现在生活条件好了，时代不同了，没必要再讲勤劳节俭，人活一世就应该尽情享乐等。这些错误的观念使学生在丢掉勤劳节俭美德的同时，也在人生之路上走向了失败的起点。许多成功人士致富不忘本，富而不奢，细水长流，这才是一个人的品德和素质，才会在生活中践行勤俭，才能“淡泊明志”，“无欲则刚”。

再次，勤劳节俭有利于防止腐败。腐败是一种牟取私利的行为，它对社会有着极大的侵蚀作用。腐败是一种历史现象，它作为政治的伴生物，从有了权力就开始出现了。官吏贪暴，为政腐败，往往是政权瓦解的直接原因。抵制和克服腐败的方法和途径是很多的，其中坚持勤劳节俭这一中华民族的传统美德是防止腐败、抵制腐败的有力措施。

最后，勤劳节俭是企业家的成功修养。人的生命有限，要想在有限的生命时间内多做一些令自己满意的业绩，必须勤奋。一个成功的企业家，就要不怕劳苦，勤奋与节俭都是与劳苦并肩而行的，“书山有路勤为径，学海无涯苦作舟”。

【名人名言】要我马上拿出一个亿，我面不改色，但谁要在地上丢一分钱，我会立刻捡起来，这也是我的致富秘诀。

——李嘉诚

见贤思齐

中国香港大富豪李嘉诚下了车，要去捡一枚地上的硬币。在他弯腰要捡的时候，一个门卫提前把那枚硬币捡了起来，并走上前交给了李嘉诚。李嘉诚伸手接过硬币，然后从口袋里拿出 100 元钞票奖励给这个门卫。知道这件事的人感到很是不解，别人只不过帮他捡了 1 元钱，而他竟给了别人 100 元，原因究竟是什么？李嘉诚解释说，这 1 元硬币，假如不把它捡起来，它可能掉到水沟里面，永远找不回来，这个社会财富就会流失掉，因此我们不能让人们已经创造出来的财富和价值白白流失掉，那个门卫不但懂得珍惜财富，还主动帮助别人，理应嘉奖鼓励。观念不同，对于同一件事情的决定也各不一样。决定不一样，自然使得人们采取不同的行动，行动不一样就会产生不同的结局。这种节省和珍惜个人及社会财富的心态就是老板心态，这也正是有些人成为成功的老板，而有些人则成不了老板或者成为一个失败的老板的根本原因。

（二）加强道德修养，努力践行勤俭

勤劳节俭是一种美好的品德，既强调内心的修炼，还要求付诸行动，养成习惯，从身边小事做起，从自身做起，从现在做起。联合国将每年的 10 月 31 日定为“世界节俭日”，就是为了加强对全人类，尤其是青少年勤劳节俭意识的教育。在校生要多参加义务劳动及社会实践，努力学习，节约每一滴水、每一度电，养成良好的艰苦奋斗的勤俭习惯。我们在继承发扬这一传统美德的同时，更要汲取国外的经验。日本有一句教育孩子的名言："除了阳光和空气是大自然的赐予，其他一切都是通过劳动获得的。"而德国更是通过法律来规定不同年龄的孩子在家应当帮助父母完成什么样的家务活等，来加强对青少年热爱劳动及勤劳简朴的教育。

见贤思齐

王永庆，中国台湾首富，被誉为"经营之神"，资产总额1.5万亿新台币。王永庆最突出也最值得称道的个人美德就是节俭，他节俭的程度对于那些花钱如流水的人来说简直是不可想象。王永庆喝豆浆的故事尽人皆知：一般人喝豆浆：老板，一碗豆浆，打个蛋。王永庆：老板，一碗豆浆，然后先喝一口，再说"老板，打个蛋"——他赚了一口！他曾经告诉工人们："你们所戴的工作手套，如果一个掌心磨破了，不妨翻过来，换戴在另一只手上再用，这样就可以节省能源。"王家所用的肥皂在剩一小片时，从来都不会把它白白丢掉，而是把这片小肥皂黏附在大块的新肥皂上再使用，王永庆平常做毛巾操所用的毛巾，一直用了37年，到今天还在用着……

（三）讲究适度消费，反对铺张浪费

适度消费又称合理消费，是指从国情家情出发，量力而行、量入为出，不盲目攀比，不随波逐流。目前我国虽然大多数人解决了温饱问题，有的实现了小康，但整体收入水平并不高。但有些人刚富起来就忘乎所以，吃"黄金宴"、洗牛奶浴；喝几千元一瓶的洋酒，穿几万元一套的西服，戴几十万元的手表；在用和住上追求大而全，房屋要大的，装修要豪华型的，电视要大屏幕、多制式的。这种脱离实际的消费，即使在发达国家中也并不提倡。另外，"花明天的钱，圆今天的梦"使一些人成了"房奴"、挣钱的机器，没

有了乐趣。因此，讲究适度消费，我们要做到：根据自己的实际需要合理消费，不盲目攀比；不过分追求时尚、刻意追求名牌；合理控制交际应酬上的消费，真正的友谊、感情不是靠金钱来维持和衡量的；根据自己的收入情况，科学规划自己的消费水平、消费方式、消费结构和消费时间，满足自己全面发展的需要。

见贤思齐

快乐成龙：奢侈有道，吝啬有理

成龙出生在一个贫穷的家庭，父亲是个小厨师，母亲是一名保洁人员。他16岁时就白天在餐馆端盘子，晚上在一个工地做兼职苦力。一次偶然的机会，成龙做了一名武打演员，但那时他没有任何名气，片酬也极低，常常会因租不起房子而露宿街头。有一次拍片，扮演片中男主角的一位当红男星驾驶一辆很拉风的福特轿车来到片场，酷爱汽车的成龙一下子被吸引过去，忍不住上前摸了一下。没想到却遭到那位男星一顿呵斥："你干什么？你知道这部车多少钱吗？你知道刮坏漆你得拿多少钱赔吗？就凭你现在接十部、二十部片子都买不起……"那一刻，成龙的自尊心受到严重伤害。

很快他的机会来了，《醉拳》这部谐趣功夫喜剧将他活泼精灵的演技和武功展现无疑，该片取得了惊人的票房成绩，成龙也因此一举成名，片酬滚滚而来。赚了钱后，成龙一口气花100万元买下7块镶钻手表，每天都换戴不同款式的名表去请人吃饭，并点上最贵的鲍鱼。吃饭时，他有意无意地将手表露在外面，周围的朋友们果然对名表赞叹和艳羡不已。此时，每天跟在他身边出出进进的"成家班"有二十多人，当大家一口一声地叫他"大哥"，并赞赏他的豪爽和大气时，成龙喜形于色。

此后他凭借影片《警察故事》、《红番区》等一系列"功夫＋幽默"的特色电影，成功地打入好莱坞，成为国际巨星。

看着好莱坞的许多大明星都在洛杉矶比弗利山购买豪宅，成龙也在1996年年底花巨资在比弗利山购买了一套占地700多平方米的豪宅，这种属于法式格局的豪宅有三座壁炉，近十间卧房，每套卧房有最先进的卫浴设备，通过宽大的健身房到达花园式的后院，那里有一个标准游泳池。

喜爱车的成龙曾经因为车而被别人鄙夷，现在的他可以随心所欲地购买自己喜欢的车了。一辆价值百万元的跑车，成龙通常只看一眼便卖下。一次他无意中在新闻中看到英国一家跑车制造商正限量发行一款跑车，当晚从片场收工后，他竟第一时间搭乘晚班飞机飞到英国，一掷千金成为第一个拿到此车钥匙的购买者。最多的时候，成龙同时拥有超过35辆总价值超过亿元的跑车。

随着一部部影片卖座，成龙在华语影坛的地位日益攀升，在剧组和各种派对上，成龙是被人们热情称赞的“影坛大哥”；住豪宅、开跑车、戴名表，出席各种品牌发布会，他成为各种时尚杂志和电视节目追逐的对象。可有一次，他宴请一帮曾经和他一起共事的“成家班”成员吃饭，觥筹交错一番后中途去上卫生间，却无意间听到两个师兄弟议论他：“什么巨星呀，简直是一个狂妄的暴发户。”他顿时感觉脸上火辣辣的。

还有一次在美国，他被邀请去参加好莱坞一个时尚派对，虽然他其貌不扬，可是当他开着那辆全球限量版跑车，手戴名贵钻表进场时，不仅引来了许多美女上前寒暄，还有记者们不停拍照。成龙摆出各种很酷的姿势让人拍照，可第二天见报的却是他的车和名表的详细介绍，对他本人却只用了很小的篇幅来写。报纸主编的解释是：读者们更关心他的那辆限量版跑车。成龙发现奢侈品并没有让他获得真正的认可和尊重。

1997年，亚洲金融危机席卷中国香港，成龙投资的生意受到很大的影响，电影事业也受到很大冲击，他一度找不到投资方，经济状况困窘。

在很长一段时间里，除了为新影片的上映做宣传，成龙没有再出现在公众视野。进入 2000 年，他又开始成为人们关注的焦点，而这次却是在各种慈善募捐晚会上。原来，为了聚集人气，巩固巨星形象，他的策划团队一直帮他在世界各地做慈善事业。不过那时成龙只是被动地配合策划团队的安排。

一天，成龙按照安排去孤儿院看一群小朋友。慈善组织的成员告诉这些小朋友，成龙为他们购买了很多学习用具和玩具时，小朋友们很开心地一起大声说："谢谢成龙大哥!"成龙开心地笑了，这幸福远胜过在酒桌上听半真半假的恭维。

此后，成龙开始着手建立自己的慈善基金会，并开始思考哪些是最需要帮助的群体。他发现，自己少买一件名牌衣服，就够一个内地的失学儿童上一年学；少请一次客，或少吃一次鲍鱼，就能让养老院的老人穿上羽绒服过一个温暖的冬天。

于是，成龙的生活方式开始悄悄发生着变化。他变得很少购买衣服，长期一身牛仔服加 T 恤。出席重大场合，他总是一身唐装，这样不仅有型有风度，宣扬了民族文化，也不用每次走红地毯都要购置衣服，如此一来省下不少钱。在吃上，他也不再讲究排扬。以前电影开拍前，成龙总要挑选豪华酒楼和同事们大餐一顿，而现在则选在干净整洁的小餐厅。

每次吃饭时，他尽量按人头点菜，绝对不会允许浪费的现象发生。一次，成龙率大队人马在吉隆坡拍摄电影。有天晚上外景队特别宴请前来采访的记者和各地嘉宾，成龙穿梭在各桌间聊天打招呼，眼尖的他看到侍者正要从一张桌上撤下空盘，而盘子里还有几片菜叶，成龙立刻把盘子接过来，然后一一挑起菜叶吃了，再把空盘交给侍者拿走，这一幕让在场的很多人窃窃私语："他是不是财务紧张啊?"

身为超级明星，无论走到哪里，鉴于谈合同的方便以及安全等问题，成龙必须入住当地豪华酒店。可他却发现酒店的洗衣费非常昂贵，为了省下洗衣钱，成龙干脆自己动手。此外，除非弄脏了，否则成龙决不叫服务员另换床上用品和毛巾。住完酒店，他会将酒店里用过的一次性肥皂收起来，带在旅途中用完。

成龙不仅要求自己节俭，对身边的工作人员也同样要求。在拍戏的时候，成龙限定每个工作人员不能浪费厕纸，去厕所不能用两张，一张就够了；香皂洗到不能洗了才丢；吃不完的便当打包，下顿热一热再吃……他这种苛刻的“抠门”行为让大家很不能理解：这能节约多少呢？有人怀疑他这是在作秀，对此成龙并不回应。

2001 年，成龙主演的《尖峰时刻》在全球获得了巨大的成功，凭借此片他收益颇丰，可他依然不改其“抠门”形象。一次在家请客的时候，成龙看到朋友们上一次厕所就冲洗一次马桶，觉得这样很浪费水。于是他笑着提议有需要的朋友可以排队上厕所，中途不冲水，最后上的那一个人负责冲！

成龙是一个非常执着的人，对内心的信念很坚持。有一次，在敦煌拍戏时，成龙发现这里是一个相对缺水的地方。他很快想到了一个节水妙方：每次开矿泉水瓶前，在瓶子上写上自己的名字，这样一来下次不至于因搞混后找不到自己的水而重新开瓶，避免了浪费。看到成龙这样，大家纷纷效仿。最后，“成家班”的摄制组被该地区认可为最环保摄制组，并欢迎他们再去拍摄。

2008 年，成龙举行几场慈善拍卖会，忍痛割爱将自己的许多珍藏品拍卖，将获得的巨额财富纳入“成龙慈善基金”。他还准备在新加坡、上海各建一个博物馆，把早期收藏的物品全部捐出来展览。房祖名看到父亲舍弃这么多私人珍藏，不禁问成龙：“你连一张纸都怕多用，舍弃这些宝贝你真舍得吗？”成龙却淡然地说：“没有什么舍不得的。这些奢侈品曾带给我生活的品质和享受，现在可以拿出来帮助别人提高生活品质；节俭不仅让我积累了财富，也同样带来了生活的乐趣，开启了我的智慧。”

（选自《知音文摘》2009 年第 15 期）

第六节　不以规矩，不成方圆

每课诵读

杜袁州墓志铭

作者：杨炯

言非法度不出于口，行非公道不萌于心。

读故事

22 岁的汪伟，毕业后被分配到某市人民出版社财务科当出纳员。一次，他核对账目总差 8 元钱，于是他随手拿起一张已经报销过的发票充抵，这样不仅平了账面，还多出了几元零花钱。就此汪伟产生了歹念。这钱来得容易，何不自筹资金出国？于是采用将旧发票重复报销、直接开支票提取现金等手段在短短一年里贪污 3 万多元。可好景不长，单位对他经手的账目进行清查，这时汪伟才明白自己走的是一条犯罪的道路。

明道理

一、遵纪守法的含义

遵纪守法是指每个从业人员都要遵守纪律和法律，尤其要遵守职业纪律和与职业活动相关的法律法规。既要遵守一般社会大众所遵守的法律法规，更要遵守特定职业方面的法律法规；既要遵守单位内部的纪律，也要遵守职业纪律。每个从业者必须认真履行自己的职责，承担自己的义务，一旦造成损失，就要承担责任。

二、遵纪守法的重要性

（一）遵纪守法是从业人员的必备素质

在社会竞争日益加剧的今天，各用人单位对从业人员的素质要求也越来越高。遵纪守法作为思想道德品质的重要组成部分越来越受到用人单位的重视，它成为从业人员必备的最起码的素质，是职业岗位对从业人员最基本的要求。同时，遵纪守法还是从业人员做好本职工作的先决条件，是其事业成功的基础。例如，一个品行不端、违法乱纪或者藐视纪律和法律的人，不是求职落空，就是被“炒鱿鱼”，抑或遭到领导、同事、合作者和消费者的鄙视与谴责，重者还会受到法律的制裁。

见贤思齐

无论谁都要遵守制度

一次，周恩来去北戴河，需要看世界地图和一些书籍。工作人员给北戴河文化馆打电话，说有位领导要看世界地图和其他一些书籍。接电话的小黄回答：“我们有规定，图书不外借，要看请自己来。”周恩来便冒雨到图书馆借书。小黄一见是周总理，心里很懊悔，总理和蔼地说：“无论谁都要遵守制度。”

这个战士应该表扬

有一次，刘少奇同志去散步，走到某炮兵阵地，想进去看看。站岗的战士不让进，随行人员上前对战士说：“少奇同志想去看看阵地。”战士认真地说：“有规定，要有上级指示才能看。”随行人员很生气，少奇同志却没有生气。反而笑着说：“回去吧！”说着就往回走。一边走一边告诉随行人员："回去告诉那个战士的领导，不要批评他，他做得很对。"后来部队领导知道了，要批评那个战士，少奇同志再次让工作人员转告部队领导："这个战士认真执行规定制度，不但不应批评，还应该表扬。"

（二）遵纪守法是从业人员维护自身权利的必要手段

职业纪律和职业法律是对各行各业工作规范的具体要求，是从业人员从事本职业必须遵守的行为准则，具有严谨性、规范性、科学性和可操作性。一方面，从业人员遵守职业纪律和职业法律是对自身生命、财产的保护。例如，司机要非酒后驾驶、建筑工人头戴安全帽、采煤工人不违章冒险作业等都是对自身利益的保护。另一方面，在职业活动中，从业人员不可避免地会遇到自身权利受到侵犯的情形，如果掌握相关的法律知识，就会运用法律武器维护自己、企业和国家利益。例如，在对外开放过程中，随着和国际经济、文化、技术等方面交流的日益深入和广泛，涉外纠纷也不断增加。在最初的多数企业因不懂国外贸易规则，法律意识薄弱，自动放弃本应争取的权利，到近年来的积极应战，既是一个可喜的变化，也维护了自己的权益。2003 年，国外共对我国发起 58 起反倾销行动，我国应诉46 起，应诉率达到 79.3%。在应诉美国发起的 H 形钢案、焊缝钢管等一系列钢铁案中，我国钢铁企业同心协力，最终取得零利率或无损害裁决的结果，保住了1 亿美元的市场。中职生是未来的国际型劳动者，一定要掌握相关的法律知识，这样才能在未来的竞争中取胜。

（三）遵纪守法的基本要求

1. 要知法懂纪

知法懂纪是遵纪守法的前提条件，从业人员要做到遵纪守法，首先必须认真学习相关的纪律和法律，并牢记在心。要知道什么可以做，什么不可以做，什么必须做。这样才能在职业活动中明确界限，掌握分寸。据对违法犯罪人员的统计，因不懂法而触犯法律的人员占全部违法人员的30%以上。因此，学法懂法、学纪懂纪是遵纪守法的前提条件。

知法懂纪的途径和方式多种多样，除了在校期间系统学习法律知识外，还可以通过岗前培训、就业实习、报纸杂志、互联网及工作实践过程中学习必要的纪律知识，特别是和自己现在或将来从事的职业相关的岗位规范、职业纪律和法规，这样我们才能提高认识，为遵纪守法打下良好的基础。

2. 树立正确的法纪意识，做到自觉遵纪守法

思想支配行动。法纪意识不正确，即使知法懂纪也做不到遵纪守法，甚至还会钻法纪的空子做一些违法乱纪的事。现实生活中知法而犯法的人不在少数。因此，知法懂纪不是目的，关键是自觉遵纪守法。为此，我们要做到：通过学习纪律和法律，明确法纪的目的和重要性，使自己的行为符合法纪要求，做一个遵纪守法的劳动者。中职生要清楚地认识到一个法制社会对人才法律素质的要求，培养正确的法纪情感，树立法纪的绝对权威，从思想到行动上都要符合法纪的精神和要求，实现法纪的自我内化，主动地遵纪守法。而不是将法纪作为口号挂在嘴边、写在墙上，应是身体力行，积极实践，严格自律，持之以恒，最终养成良好习惯。

3. 捍卫法律尊严，积极同违法犯罪行为做斗争

正气和歪风邪气之间也是一场你死我活的较量。中职生在与违法犯罪行为做斗争时，一定要讲究策略，不能蛮干，在注意保护自己的同时勇于与违法犯罪行为做斗争，现实社会中存在的违法违纪和不正之风需要人们自觉地同其做斗争，这是社会主义道德和职业道德对公民和从业人员的要求。如果人人抱着“事不关己，高高挂起”的思想和态度，社会风气势必日益恶化，就会影响社会主义经济建设的顺利进行，国家和人民就会遭殃，和谐社会的奋斗目标就不会实现。中职生作为未来社会的重要接班人，不仅要自觉守法，更要积极同违法犯罪行为做斗争，做法律的捍卫者，做不良社会风气的清道夫，为社会主义精神文明建设贡献自己的力量。

见贤思齐

列宁守纪的故事

有一次列宁去克里姆林宫理发室理发。当时，这个理发室只有两个理发师，忙不过来，很多人都坐着排队，等候理发。列宁进去后，大家连忙让座，并且请列宁先理，可是列宁却微笑着对大家说："谢谢同志们的好意。不过这样做是要不得的，每个人都应该遵守公共秩序，按照先后次序理发。"他说完后，就随手搬了一把椅子，坐在最后一个位置上。

第七节　人心齐，泰山移

每课诵读

孙权：能用众力，则无敌于天下矣；能用众智，则无畏于圣人矣。

读故事

精英落聘

某外企招聘一批职员，吸引了不少重点院校的本科生甚至研究生来应聘。论才华，这些学子当然无可挑剔。董事长说，若要考核他们的书本知识以及应变能力，肯定无一能难倒他们，但不考核又说不过去，于是就跟他们玩了一个游戏。

董事长让应聘者交出身上所有的钱，然后宣布："给大家一个任务，每人发3元钱，你们想法儿在一个小时内吃饱吃好。"然后，他给每个人发了3枚一元的硬币。

怎么吃呢？那10个应聘者边走边商量。不知不觉，大家的肚子就饿得"咕咕"叫起来。既要吃饱又要吃好，进快餐店当然不行。于是，他们来到了一家中餐厅。可是，每人就3元钱，在餐馆里能吃什么？结果，商量来商量去，每人要了一个盒饭。3元钱自然不能吃很好的盒饭，就几片豆腐、几片青菜，再加一些米饭。

吃完，一个胖子说："这个游戏实在不好玩儿，3元钱，吃好吃饱怎么可能呢？"

回到公司，董事长一一听取了他们的用餐情况，然后摇头："实在抱歉，虽然你们都是时代精英，但不适合在本公司工作。"

应聘者们目瞪口呆。那胖子大声问道："真是的，3元钱能吃什么呢？"

董事长笑笑说："3元钱就不能吃饱吃好吗？我打听过了，你们就餐的那家餐馆，清炒小白菜每份3元，油煎豆腐每份3元，青椒炒油渣每份3元，米饭免费……你们一共10个人，每人3元，加在一起总数就是30元，几乎可以炒10盘不同的菜肴，你们为什么没有想到呢？这只能说明一个问题，你们根本就是以自我为中心，完全没有一点团队精神！而一个缺少团队精神的公司，你们想想，还有发展的前途吗？"

应聘者哑口无言。

明道理

一、团结协作的含义

团结协作是指人们为了实现共同的利益和目标，相互帮助、相互支持、共同发展。国际21世纪教育委员会指出："由于竞争成为日常生活各个领域中一种无处不在的现象，团结协作是人、社会发展的需要。在社会主义现代化建设事业中，为了实现我们共同的奋斗目标，必然要求从业人员之间、协作单位之间通力合作、互相支持，为共同利益和目标相互促进。因此，团结协作是社会主义道德对从业人员的基本要求。"

二、团结协作的重要性

（一）团结协作可以建立和谐的人际关系，增强单位的凝聚力

团结协作既是从业人员之间和单位之间关系的重要道德规范，也是职业活动正常进行的重要保证。一方面，它要求从业人员顾全大局、真诚相待、平等尊重，同事之间、部门之间、协作单位之间团结互助，以实现共同发展。从业人员只有调整好职业内部人与人之间、部门与部门之间的关系，处理好单位之间的关系，才能建立和谐的人际关系，具有良好的精神状态，心情愉悦，同心同德，努力工作。另一方面，在科学技术发展和社会分工日益精细的现代化大生产条件下，更需要企业之间、企业内部之间、协作单位之间相互配合，团结协作，互助友爱，这样才能形成并增强企业的凝聚力，促进生产力发展，实现企业目标。

见贤思齐

世界上的植物当中，最雄伟的当属美国加州的红杉。它的高度大约为90米，相当于30层楼那么高。一般来讲，越是高大的植物，它的根应该扎得越深。但是红杉的根只是浅浅地浮在地表而已。通常扎根不深的植物，是非常脆弱的，只要一阵大风，就能把它连根拔起，更何况红杉这么雄伟的植物呢？

可是红杉却生长得很好，这是为什么？

原来，红杉不是独立长在一处，而是一片一片地生长，长成红杉林。

（二）团结协作是事业成功的保障

人类社会是一个关系社会，少不了人际关系及集体的存在。一个人事业的成功离不开和谐的人际关系，离不开集体的力量。一个人的人生价值是在融于集体和社会的工作和奋斗之中实现的。因此，人与人之间需要团结合作、和谐相处、真诚信赖、相互关心和帮助，只有这样才能使个人事业成功并达到共同提高。俗话说："三个臭皮匠，赛个诸葛亮"、"一个好汉三个帮，一个篱笆三个桩"、"众人拾柴火焰高"，这也表明了人们很早就认识到了团结协作、友爱互助的重要性。古今中外许多有所作为的科学家、企业家、从业人员无一不是在职业活动中善于与人合作，亲密配合，取得了事业的成功的。如著名的杨振宁博士堪称与人合作的典范。1942 年，杨振宁在西南联大读研究生时，就对电荷守恒与规范不变性之间的头条消息予以关注。1953 年秋天，他与密尔斯不期而遇。共同的研究兴趣使两位素不相识的同行紧紧联系在一起。面对比自己资历浅的同行，杨振宁主动把自己研究 12 年之久的思想和盘托出。密尔斯被杨振宁的真诚深深打动，双方密切合作，攻克难关，创立了杨—密尔斯的规范场理论。

见贤思齐

刘备善用精神力量凝聚人心，在不具备天时、地利的条件下，以"人和"为核心竞争力，以"义"聚得关羽、张飞、赵云等名将；以诚感人，三顾茅庐，请出诸葛亮辅佐，并以兴复汉室天下为共同目标，发挥团体的力量，终于三分天下得其一。

三、团结协作的基本要求

团结协作是社会发展的需要，是对从业人员及单位从事职业活动的基本需要，是集体主义道德原则和新型人际关系在职业活动中的具体体现，也是中职生为适应社会发展而努力培养的优秀品质。

（一）真诚、平等待人

这是指在社会生活和人们的职业活动中，不管彼此之间的社会地位、工作性质、生活条件有多大差别，都应真实善意、一视同仁、平等相待、相互尊重、相互信任。真诚、平等待人是人们在职业生活中团结协作的基础和出发点。因为，在职业活动中，同事之间、上下级之间会发生这样或那样的分歧和争论，发生这样或那样的矛盾和冲突，只有正确对待并妥善解决这些问题，才能增进彼此之间的感情和团结，有效地开展合作。这样才能同心协力，团结协作，使职业活动顺利进行，取得理想的效果。当今世界，科学技术和信息网络已经把地球的每个角落连为一个整体，每一个人的成功都取决于是否善于与人交往、与人合作。有位科学家说，他之所以成功是因为他站在了巨人的肩上。

（二）虚心学习、悦纳他人

在职业活动中，每个从业人员都有自己的长处和不足，在思想、学识、技艺、能力和工作态度等方面都存在着差异，正如我们常说的“寸有所长，尺有所短”。孔子说：“三人行，必有我师焉。”这就要求每个人都要学会欣赏别人的长处，在相互学习和交流中加强合作，共同提高。尤其是刚刚走上工作岗位的中职毕业生，更要虚心向师傅、同行学习，多向他们请教生产、工作中的疑难问题，吸取他们的经验，提高自己的知识、技能和品德。如全国优秀公共汽车售票员李素丽就是在虚心学习同行的基础上，加以总结提高，创造了精湛的技艺和一流的服务。她从全国劳模售票员张宝琴和任玉琢身上学到了照顾乘客，特别是照顾“五种人”的诚信、细心，学到了吃苦耐劳、勤勤恳恳为人民服务的“老黄牛”精神；从市劳模杨本莉身上学会了自己编写宣传服务用语，学到了满腔热情、始终如一的工作精神；从全国劳模邓凤兰身上学会了怎样针对不同乘客的心理和要求提供满意服务。

（三）顾全大局，以集体利益为重

这是指在处理个人利益和集体利益的关系上要有全局观念，不计较个人利益，自觉服从集体利益和需要。在现代社会生产中，一方面客观存在着从业者个人和集体的利益关系；另一方面，各行业各部门又是社会生产总体这一全局中不可缺少的组成部分。在职业活动中，从业者要团结协作，讲大局，识大体，以集体利益为重，自觉做到个人利益和集体利益的关系。再者，从业者无论从事何种职业，都要本着对社会、对人民负责的态度，时刻以大局、整体的需要为基本出发点，站在整体的立场上处理好个人利益、部门利益、行业利益同大局需要、社会需要及集体利益的关系。顾全大局是团结协作道德规范的一项重要的道德需要。

（四）加强协作，处理好主角和配角的关系

当今，随着现代科学社会化和整体的发展，社会分工日益细化，工作难度日益增大，单凭一个人的力量无法取得事业上进展，也无法高质量地完成任务。首先，必须加强人与人之间的协作。做到：主角与配角紧密配合，主角要认识到配角的不可缺少的劳动，尊重配角的劳动，充分调动配角的个人积极性，不要把功劳都记在自己身上；配角要胸怀大局，密切配合，共同完成好任务。其次，要正确对待和处理竞争与合作的关系。从业人员要认识到现代社会的竞争，往往是合作中的竞争、竞争中的合作，从业人员之间必须团结协作，密切配合，正确处理二者之间的关系，便可以在竞争中达到“双赢”。

第八节　推陈出新，革故鼎新

每课诵读

观书有感二首

作者：朱熹

其一

半亩方塘一鉴开，天光云影共徘徊。
问渠哪得清如许，为有源头活水来。

其二

昨夜江边春水生，艨艟巨舰一毛轻。
向来枉费推移力，此日中流自在行。

读故事

将脑袋打开一毫米

美国有一家生产牙膏的公司，产品优良，包装精美，深受广大消费者的喜爱，营业额蒸蒸日上。

记录显示，前十年每年的营业增长率为10%～20%，令董事部雀跃万分。

不过，业绩进入第十一年、第十二年及第十三年时，却停滞下来，每个月维持同样的数字。董事部对此三年业绩表现感到不满，便召开全国经理级高层会议，以商讨对策。

会议中，有名年轻经理站起来，扬了扬手中的一张纸对董事部说："我有个建议，若您要使用我的建议，必须另付我5万元！"

总裁听了很生气说："我每个月都支付你薪水，另有红包奖励。现在叫你来开会讨论，你还另外要求5万元。是否过分？"

"总裁先生，请别误会。若我的建议行不通，您可以将它丢弃，一毛钱也不必付。"年轻的经理解释说。

"好！"总裁接过那张纸后，阅毕，马上签了一张5万元支票给那名年轻经理。

那张纸上只写了一句话：将现有的牙膏开口扩大1毫米。

总裁马上下令更换新的包装。试想，每天早上，每个消费者多用1毫米的牙膏，每天牙膏的消费量将多出多少倍呢？这个决定，使该公司第十四年的营业额增加了32%。一个小小的改变，往往会引起意料不到的效果。

一、开拓创新的含义

创新是指人们为了满足自身发展的需要，运用已有知识、已知信息，不断地突破常规，发现或产生某种新颖、独特的有社会价值或个人价值的新事物、新思想的活动。创新的核心是“新”，其本质是突破，表现为开拓性。创新需要不断地突破常规，创造、发现或产生某种新颖、独特的有社会价值或个人价值的新事物、新思想。创新是一个国家和民族不断兴旺发达的动力。例如，我们的祖先在极其恶劣的生存环境中，为满足躲避寒冷、驱走黑暗、吃到熟食这一共同的需要与目标，把自然火种保存起来，以备使用，这就是创新。燧人氏“钻木取火”就是在原有创新基础上由低级到高级，不断地走向强大、走向文明的。

【名人名言】没有一点“闯”的精神，没有一点“冒”的精神，没有一股气呀、劲呀，就走不出一条好路，走不出一条新路，就干不出新的事业。

——邓小平

二、开拓创新的重要性

（一）创新是一个国家兴旺发达的不竭动力

21世纪是一个以创新为特征的充满竞争的世纪。经济全球化将任何一个国家、任何一个企业乃至任何一个人，都卷入全球范围内的激烈竞争之中。因此，一个国家要想立于世界强国之林、立于不败之地，必须重视创新人才的培养、创新能力的开发。发达国家的发展已充分向我们证实了这一点。例如，1998年，国外来华申请专利发明数超过中国人，占全年专利数35960件的61.3%。从生产率看，日本是我国的40倍，美国是我国的50倍，中等发达国家是我国的10倍。

2000 年上海科技论坛显示：代表知识创新能力的科研成果中，我国只占世界总量的 1.6%，标志技术创新能力的专利申请仅为 0.2%。纵观历史，横越当今，民族或国家之间的进步与落后的差异，都因创新所致。可见，一切竞争归根结底都是创新人才和创新人才所具备的创新能力的竞争，是创新速度与效率的竞争。为此，江泽民在 1995 年 5 月召开的全国科学技术大会上指出："创新是一个民族进步的灵魂，是国家兴旺发达的不竭动力。如果自主创新能力上不去，一味靠技术引进就永远难以摆脱技术落后的局面。一个没有创新能力的民族，难以屹立于世界先进民族之林。"

（二）创新是提升个人素质、发展事业的手段和动力

21 世纪，创新速度不断加快，一个人事业的发展、人生理想和人生价值的实现由很多因素所决定，如环境、机遇、学识、情感、意志力、思维方式等，而创新活动是具体的表现和重要途径。创新已成为个人素质的重要方面。对一个学生来说，提出了一个新设想、新思路，写了一篇颇有新意的习作，独立地发现了解决难题的方法；对从业人员来说，发明了一项新技术、一件新用品、一种新工具等，都是创新。这些创新不断地提升着自身素质，推动着事业迅速发展与进步。无论学生还是员工，都要抓住机遇，力求创新、锐意改革，做事业的弄潮儿。否则，事业就不可能继续发展和进步。如 100 多年前，亨利·福特大胆创新，设计出生产汽车的流水装配线，增加了汽车产量，降低了产品价格，引发了工业生产的巨大变革。

见贤思齐

成功所给的唯一答案是：把简单的事情做得不简单，把平常的事情做得不平常；把不简单的事情做得简单，把不平常的事情做得平常。

曾经看到过一个电视节目：把一张足够大的薄薄白纸，对折再对折，不断地重复 51 次，结果会达到一个什么样的高度？正确答案是：从地球到太阳的难以想象的遥远距离。令人瞠目结舌吧？不瞒你说，看到这答案，我不禁吓一大跳！这不可能吧？可答案确实

不容争辩，因为最后几次的对折，已远远超越了简单的折一变二的问题，此时产生了量变到质变的极为巨大的超常几何级数的增长。虽然我难以脱口说出地球到太阳的实际距离，可我确切地知道，太阳光从太阳那儿，以光的传播速度来到地球，得要8分钟多。对，就是这样的一个高度。

一张足够大的薄薄白纸，只是简单地对折再对折，竟折叠出如此惊人的高度！那么我们人的生命呢？假如把我们的梦想，对折，再对折，不断简单重复，注定可以达到成功的高度，甚至也会是超乎想象的惊人高度。为了达到成功的境地，我们必须不断简单重复，让简单变得不再简单，创造奇迹。

（三）开拓创新是提高企业竞争力的最佳手段

在市场竞争中，企业依靠高质量、低成本及优质的服务增强自身竞争力，从而在激烈的市场竞争中取胜。这就要求每个企业不断地改进产品或工程设计，开发或推广新工艺、新技术，改进和更新服务，提高现有设备的利用率，以降低产品成本，提高劳动生产率。开拓创新是企业提高竞争力的最佳手段，是企业长盛不衰的保证。如据中央电视台报道，1984 年我国 9 家冰箱厂引进意大利“阿里斯顿”生产线。10 年后的 1994 年，阿里斯顿 9 兄弟有的赚钱，有的亏本。其原因就是有的不断改进技术，敢于创新；有的墨守成规，故步自封。

【名人名言】旬日新，日日新，又日新。

——《礼记》

三、开拓创新的基本要求

“创新则兴，不创新则亡。”创新是一个国家、民族乃至一个人的发展的定律。它应是从业人员及在校学生努力培养的品质和能力。

（一）要有创新的信心和意识

“世上无难事，只怕有心人”，这句俗话说明了一个人的事业能否成功，创新能否实现，关键是要“有心”，有创新意识，能抓住机会。自信心是创新的助推器，创新并非高不可攀。爱迪生小学没毕业，比尔·盖茨大学没读完等事例说明人人都能创新。只要我们有创新的意识，有信心，善于在平凡的生活中捕捉信息、独具慧眼，成功就属于我们。山东某农民利用大棚技术使自己的草莓在“五一”期间上市而小富，这也是创新意识的成功。

见贤思齐

卢瑟福是著名的现代原子物理学奠基人，他对思考极其推崇。一天深夜，偶然看到一名学生正在灯下埋头实验，卢瑟福就好奇地问他：“你上午都做些什么？”学生回答：“在做实验。”“那晚上在忙什么呢？”“还是在做实验。”“那么，你从实验中得到了什么？”卢瑟福皱着眉头问，学生红着脸，局促不安地回答：“目前还没有新的进展，但我相信惊喜终究会出现。”“你所说的惊喜出现到底是什么时候？”卢瑟福提高了声音。学生低下头说：“我没有想过这么多，我只是一直在坚持。”这位勤奋刻苦的学生本以为可以得到导师的一番热心赞扬，让他想不到的是卢瑟福居然怒火迸发，大声责问：“你从早到晚都在做实验，还有什么时间用来思考？”

（二）要有顽强意志，敢于突破常规

创新是一份苦差事，它需要每个从业者既要有强烈的创新意识和热情，敢于突破常规，又要具备顽强的意志。积极实践创新的本质是突破，只有解放思想，不屈从于任何权威，不囿于任何经典理论，才能更新观念，敢于做前人没做过的事，走前人没走过的路，并最终取得成功。一个人一旦具有顽强的意志，就会有无穷的勇气和力量，促使自己开拓未来，克服重重困难，并敢于及时转向，实现自己的创举。如司马迁身陷囹圄，痴心不改，著成《史记》；詹天佑以惊人的毅力和卓越的才干战胜罕见困难，顶着重重阻力，不断创新，设计出“人”字形路轨，提前两年通车，完成了中国人自己修建第一条铁路的创举。

见贤思齐

一滴智慧成富翁

一名美国青年在一家石油公司找到工作。他学历不高，也不会什么技术。他的工作就是查看生产线上的石油罐盖是否自动焊接封好。

装满石油的桶罐通过传送带输送至旋转台上，焊接剂从上方自动滴下，沿着盖子滴一圈，作业就算结束，油罐下线入库。他的任务就是注视这道工序，从清晨到黄昏，过目几百罐石油。

经过反复考察，他发现盖子旋转一周，焊接剂共滴落 39 滴，焊接工作即告结束。他思考着，这简单至极的工作中，是否有可以改进的地方。

一天，他突然想到，如果把焊接剂减少一两滴，是不是会节省生产成本呢?

试验之后，他研制出 37 滴型焊接机。但是该机焊出来的石油桶偶尔会漏油，质量缺乏保障。他不灰心，又研制出 38 滴型焊接机，这次公司非常满意，不久便生产出这种机器，投入生产。新机器只节省了一滴焊接剂，每年却为公司节省了 5 亿美元。他就是美国工业界第一代亿万富翁、石油大王洛克菲勒。

（三）要掌握科学的思维方法

创新必须要善于思考，掌握科学的思维方法。仅敢想远远不够。下面着重介绍几种常见的思维方法。

1. 相似联想，是由某一事物或现象想到与之类似的其他事物或现象，从而产生创新设想和成果

当四川农村青年姚岩松看到“屎壳郎”能滚动一团比它自身重几十倍的粪球儿，却拉不动轻得多的泥土时，他联想到能否学“屎壳郎”滚动土块的方法，将拖拉机的犁放在耕作机机身动力的前面，而把拖拉机的动力犁放在后面，看到推土机和耕作机一样有稳定性强、着地爬动力好的特点，像推土机那样他又为耕作机装上了履带。经过数百次改进、试验，他终于发明了“屎壳郎耕作机”，突破了耕作机械传统的结构方式，具有创造性、新颖性和实用性。

2. 逆向思维，是从常规思维相反的方向去思考问题

实践证明，许多科学重大发现、新技术的发明、企业投资的决策都来自于逆向思维。逆向思维常常出奇制胜，从另一方向走向真理，发现规律。法拉第由电产生磁反过来想到磁场也会产生电场的发现，更说明了反过来想往往可以全面地认识世界和发现规律。

3. 扩散思维，是指从不同角度、不同途径去设想，探求问题的多种答案并最终圆满解决的思维方法

它被认为是创新思维的核心。世界发明大王爱迪生为找到理想的灯丝，前后试验了 1600 多种材料，这说明解决问题不能满足于一种方案，要从获得的大量方案中寻求最佳方案。

见贤思齐

国王的桌子几个角？

话说一位有智慧的国王在大臣们的陪同下，来到御花园散步。国王看到了一张长方形的桌子，忽然心血来潮，灵机一动，出了一个题目考问身边的大臣：“一张桌子四个角，一刀砍去一个角，剩

下几个角?”众臣一听，呵呵，这个题目容易，他们的科技大臣是数学博士出身，脱口而出：“3个!”

“不对!”马上有人反对，大家一看，原来是老谋深算的财政大臣，“应该是5个”。

“高！实在是高!”众大臣争相吹捧这位“财神爷”!

这时国王说话了：“谁还有别的答案?”

大臣们面面相觑，全答不上来。

国王发旨：“给你们三天时间考虑，谁回答上来就重赏!”

一位少年来了，见到国王，说：“答案至少有三个，请看下图，如果按实线切去一角，那么剩下5个角，如果按虚线，剩下4个，如果按箭头线，则剩下3个。”

国王大喜，又重赏了少年。

这一回，大臣们学乖了。他们凑过来问少年：“你怎么能比我们想得多？想得周到?”

在大臣们的一致要求下，少年对此做了分析。

这个问题的关键是在哪里下刀，选择下刀的位置，决定了剩下的角的个数。但我们的头脑中只会认为切一个角就是按实线的位置切。实际上，可以任意变换位置的。而且，这个题目还有更多的答案。

“还有更多的答案？三个答案还不全?”大臣们好奇心又上来了。

当然不全！刚才只考虑了砍桌子的位置，没有考虑刀的情况。如果刀自身带角呢？比如一把刀的刀刃是锯齿形状的，那么，有多少锯齿，就会多产生多少个角。所以这个答案实际上是不确定的。

第九节　俯首甘为孺子牛

每课诵读

岳阳楼记（节选）

作者：范仲淹

嗟夫！予尝求古仁人之心，或异二者之为，何哉？　不以物喜，不以己悲；居庙堂之高则忧其民；处（chǔ）江湖之远则忧其君。是进亦忧，退亦忧。然则何时而乐耶？其必曰：“先天下之忧而忧，后天下之乐而乐”乎。噫！微斯人，吾谁与归？

读故事

别让你的技巧胜过品德

美国耶鲁法学院院长哈罗德·H. 柯寄语学生：“别让你的技巧胜过品德。”美国耶鲁法学院倡导：只会读书而缺乏人性是无益；成功而没有人性是可悲的。当你离开耶鲁时，你回想起耶鲁时不仅视其为一个法学教育的地方，而且是一个你从中找到了道德指南的所在。

是的，别让你的技巧胜过品德。这不仅适用于耶鲁法学院，也适用于所有受教育者。如果技巧胜过了品德，法学应该具有的公正无私、慷慨正直就会受到世俗交易和利欲熏心的污染。法官应该坚守的社会良心、社会公共品质和公益性格也就会大打折扣。而这些与人道德沦丧、信仰的扭曲不无关系。

为此哈罗德在法学院开学的典礼上这样讲：“一个法律人仅倚

仗法律技巧是不够的。你必须自问：我的技巧是为谁服务的？在耶鲁法学院，你们将会渐渐获得什么呢？你们将逐步掌握各种法律技巧，这些技巧会让你们有本事把人们扔进监狱；挽救或者毁灭人们的生命；就天文数字的标的提出理据，等等。但正如我们所知道的，巨大的力量也意味着巨大的责任，这类技巧和工具都有时空的限制。你们会在学校发现以往耶鲁学生所没有的新的有力工具，如互联网。但请记住，别滥用技术的巨大力量去攻击在线的他人，不要侵犯别人的隐私，或将你的同学作为恶作剧的靶子。我们致力于挑战成见，但须建立在相互尊重的基础之上。记住你的职业生涯始于今天，你在此所作的选择将影响你的职业声誉。当品行和操守委员会决定是否接纳你进入业界时，不但要考察你的法律职业素养，还要考量你在执业过程中的行为是否正当、道德。你们所发送的每一封 E - mail；你们所开设的每一个博客都会留下文字痕迹；你们所公开散布的有关你们自己和他人的所有信息将永久记录下你们品行。所以，永远别让你的技巧胜过你的品德。在接下来几年里，你们的技巧将突飞猛进，但千万要记住让你们的品德行在头里。这里引出了我们最后的忠告：在求索自己为什么而奋斗的同时，也请深入地思考一下如何服务于社会，你将投身于怎样的公益事业？”

一、服务群众

服务群众是社会主义道德的又一基本规范，是为人民服务精神更具体、更集中的表现。服务群众就是为人民群众服务，充分揭示了职业与人民群众的关系，指明了职业劳动者的主要服务对象是人民群众。这就要求各从业人员时时刻刻为群众着想，想群众之所想，急群众之所急，忧群众之所忧，一切以人民的利益为出发点和归宿。把服务群众作为自己的人生目的，实现个人利益、职业集体利益和人民利益的根本一致。把人民群众的利益得失作为衡量自己工作是非的标准，处理好个人与社会之间、单位与国家和整个社会之间的矛盾。例如，一个小造纸厂，经济效益可观，解决了当地许多人的就业问题，但大量排放污水，造成严重的环境污染。若以小集体的利益为标准就不应关闭造纸厂，若以社会利益为标准就应关闭它。因此，把人民群众的利益放在首位是职业道德行为的最高标准。

【名人名言】做人要正直，要多为别人着想。

——蒋筑英

二、服务群众的重要性

（一）服务群众是社会主义道德要求的集中体现

毛泽东说："道德的核心问题就是为什么人服务的问题。"道德就是能够为他人"服务"，为国家、民族和社会"服务"，是一种为他人和社会的献身精神，即"服务"精神。我国是社会主义国家，广大人民群众是国家的主人，个人利益和国家利益、集体利益具有根本上的一致性，在人民利益的基础上使三者统一起来，是社会主义道德的原则。这个道德原则在实践中的体现就是为人民群众服务。职业道德的各项基本规范无不与为人民服务紧密相连。每个从业人员在服务群众过程中，人生价值得到实现。徐虎、李素丽、孔繁森等崇高的为人民服务的精神体现着社会主义的道德要求。

（二）服务群众是社会主义经济基础和政治制度的客观要求

道德是建立在一定社会的经济基础之上并为之服务的上层建筑。我国是以公有制为主体，多种所有制经济共同发展的经济制度。社会主义生产的目的是为了全体人民的共同富裕和幸福。因此，服务群众与社会主义经济基础相一致。从政治制度看，我国是一个人民当家做主的人民民主专政的国家，人民是国家的主人，是历史的创造者和推动者，社会主义道德建设必须同为人民服务联系起来。

（三）服务群众是建立和发展社会主义市场经济的需要

社会主义市场经济既是法制经济，也是服务经济。一方面，发展社会主义市场经济的目的是不断地满足人民群众日益增长的物质文化生活需要，因此市场经济从本质上来说是为人民服务的经济，发展社会主义市场经济是振兴我国经济的必由之路。山东青岛海尔集团创造的一系列现代营销服务观念，深刻体现着市场经济“文明服务”的道德规范。另一方面，服务群众又是保证市场经济沿着社会主义方向健康发展的内在要求。市场经济有它自身无法克服的弱点和缺陷，自发性、盲目性和滞后性的弱点使社会主义商品生产本身所具有的为他人、为社会服务的属性有可能受到抑制，加之社会主义初级阶段存在的社会生产力不平衡和水平低的现象，就可能在某些地方或某些个人身上出现只追求利润，忽视产品质量；只重个人利益而忽视社会整体利益等倾向，因此，必须依靠法制和为人民服务的道德观念来保证市场经济健康发展。

三、服务群众的基本要求

服务群众是为人民服务这一道德核心在职业活动中的具体体现，每个从业者都要树立服务群众的观念，要相信、尊重群众，方便、造福群众。在具体的职业实践中要做到以下几点：

1. 要热情周到

热情周到是指从业人员在职业活动中，对服务对象要抱以主动、热情、耐心的态度，服务细致周到，实实在在。全国“三八红旗手”、公共汽车售票员李素丽在平凡的岗位上，将“全心全意为人民服务”作为自己的座右铭，把为人民服务贯彻到职业行为中的每一个细小环节，真诚热情地为乘客服务，被誉为“老人的拐杖，盲人的眼睛，外地人的向导，病人的护士，群众的贴心人”。

见贤思齐

成功就是一忍再忍

堂弟的大学生活要结束了，想找一份工作锻炼一下。年底的招聘太少了，不过我们这座城市的一家国有大型企业——大化集团恰巧招聘销售人员，推广几种即将上市的肥料，试用期三个月，有底薪，有提成，名额30个，招聘对象男女不限，年龄不限，高中以上学历就行。

堂弟有些泄气，招聘的门槛太低了，感觉有些自贬身价。我说："大学生有什么身价呢？你还在靠父母养活！"堂弟不说话了。他决定去试试。经过简单的面试初选，堂弟面试合格了，他领到了一份资料。资料内容不少，包括大化集团的简单介绍、新产品的性能及适用对象和使用方法等，另外还有一定量的农业知识。第二天的考试形式也已经通知应聘者，就是书面考试，内容以资料为主。

堂弟开始复习。到晚上他已经把资料看过了一遍，他请我提问，我认为他复习得不错。

第二天我们准时去了，参加考试的人员不少，有近百余名，分为几个考场。

两个小时后，堂弟走出了考场。他告诉我答得不错。

大化集团的效率还是非常高的，当天晚上堂弟就接到了通知，第二天上午9点去接受最后的面试。

参加最后面试的一共是35人，都是年轻人，大化集团的招聘名额是30人，那么这些人只要淘汰5个就行了。他们的面试和我在书上读到的简直大相径庭，没有一个个的面谈，而是所有人都被带到了一个考试用的大屋子里。

坐好后，面试主管请工作人员发给每一位面试者一块橡皮和一个小学生用过的写满铅笔字的作业本，面试者被告知：把所有字迹擦干净。大家似乎有些惊愕，但都没有犹豫，都开始认真地擦拭。十几分钟以后，就开始有人把擦干净的练习本交上去，大约二十分钟的时间，所有的人都做完了。令人意想不到的是，工作人员又给每位面试者发下了一个写满铅笔字的作业本，他们被再次告知：把所有字迹擦干净，与刚才一样。

人们第二次做完了。

当同样的事情被第三次要求重复的时候，几个年轻人显然很是不满，语气很不耐烦地质问监考人员。这次完成的效果不是很好，时间也略长，大约三十分钟才收齐。

当第四次要求重复的时候，有的人开始了抵触，拒绝做这样的低能测试，开始讨说法。然而仍有一小部分人，没有说话，默不作声，只能听到纸与橡皮摩擦的声音。

再没有作业本发下来了。而完成的只有11个人。

“欢迎完成测试的11个人加入大化集团，你们已经被我们聘用。如果各位同意的话，随后我们就将与各位签订正式的聘用合同。”一位非常稳健的中年男子说话了。

看着大家疑惑的眼睛，面试的主管补充说道：“对于其他人，我很遗憾，虽然我们开始定的是30人的名额。今天的面试实际上也是对各位从业前的一次培训。经过预选和考试，我们对各位的能力已经毫不怀疑，但在工作中最关键的是看各位是否拥有足够的耐心。各位已经看到了，我们刚才重复了四次同样的工作，第一次各位做得最好，所用的时间也最短，最后一次完成得最差，用得时间也最长，甚至有人干脆放弃了。希望各位在日后的销售工作中牢记，你的耐心决定着你的业绩。我们所面对的是中国最普通的农民，他们是当今社会最质朴、勤劳和善良的人，他们的生活水平相对也较低，他们在钱的使用上是非常慎重的，所以在销售过程中，难免会有一些人对你们进行反复询问，甚至是怀疑或口出不逊，但是，他们却是我们产品的最终购买者，是我们的上帝，大化集团能够成为首批上市公司正是靠了他们，所以面对他们的非议和给我们造成的难堪，请一定要保持足够的耐心，你们要一忍再忍。我们集团有很多年薪几十万元的销售人员，他们在这方面都堪称典范，希望各位能成为他们中的一员。当然也有一些销售人员在遭遇困难的时候会中途退出。谁的未来谁做主，各位都还年轻，请做出自己认为正确的选择。最后再次提醒大家：面对顾客请耐心一点，再耐心一点！祝各位成功！”

2. 要满足需要

满足需要是指从业人员心中要时刻装着群众，想群众之所想，急群众之所急，努力为群众提供方便，充分尊重群众的意愿，满足群众提出来的合理、正当的要求。这是服务群众的根本目的所在。

【名人名言】我最大的心愿，就是做好自己的本职工作，及时为住户排忧解难，把党的温暖送到千家万户。

——徐虎

见贤思齐

卖米者的境界

在浙江省永嘉市的一个小镇上，有一个穷人家的孩子，辍学后，为了赚钱养家糊口，想找个事做，思来想去，他决定用家里的所有积蓄在小镇上开一家小小的米厂，厂店合一的那种。

虽说只是一家没有多大规模的小米厂，但经营却一点也不敢马虎。那时，别人 100 斤稻谷总是打出 80 多斤米、10 多斤糠；而这家小米厂却只打出 70 多斤米、20 多斤糠。

是他的机器不好吗？或者是他的技术差吗？不是，是他有意这样做的。

这有点不可思议。众所周知，米的价钱贵，糠的价钱便宜。可这个刚开张的小米厂为何要做这种“赔本”的买卖呢？人们百思不得其解，同行们更是等着看他的笑话。而事情发展的结果却出乎人们的意料。小米厂非但没有赔，反而生意日渐兴隆。直到若干年以后，人们才知道个中的“不传之秘”。

100 斤稻谷打出的米越少，颜色就越好，质量就越高，所以买米的人不管路有多远，都愿意多走几步路到小米厂来买米；100 斤稻谷打出的糠多，意味着里面有更多的小米粒，营养就多，等于说拿买糠的价钱买到了价值更高的米，买糠的人觉得更划算，当然更愿意到小米厂来买糠的，都成了最愿意光顾这个小米店的好主顾。生意哪能不兴隆呢？

在中国台湾，也有一个类似情况的小米店。

当时，在小县城已经有大大小小近 30 家的米店了。这家穷后生的米店开业最晚，规模最小，生意冷冷清清的，他只能背着米挨家挨户去推销。可是，谁会去买一个小商贩上门推销的米呢？

20 世纪 30 年代的中国台湾，由于稻谷收割与加工技术的落后，沙子、小石子之类的杂物很容易掺在米里。人们在做饭之前，都要淘好几次米，很是麻烦。这个后生想到这点，他想出了一个办法，他花了时间，将这些杂物一点点地拣出来，然后再卖给顾客。时间一长，人们都夸他的米质量好，也省去了淘米的麻烦，于是生意日渐红火起来。

那时候，许多顾客都是上门买米，自己运回家。这对于年轻人来说不算什么，但对上了年纪的人来说，就非常不方便。年轻人整天在外工作，根本没时间买米，所以，买米的顾客以老年人居多。后生便主动送米上门。如果米缸还有陈米，他就将陈米倒出来，把米缸擦干净，再把新米倒进去，然后将陈米放回上层，这样，陈米就不会变质了。给新顾客送米，细心记下米缸的容量，问明这家有多少人吃饭，有多少大人、多少小孩，每人饭量如何，据此估计该户人家下次买米的大概时间，记在本子上。等时候到了，不等顾客上门，就主动将相应数量的米送到客户家里。有些顾客，不是吃完米就立即有钱买米，他就先赊给客户，记好别人发工资的时间，在发工资的第二天或第三天去收费。他的这种细致周到的服务，赢得了所有顾客的好口碑，于是，他那家极不起眼的小米店，竟然成为生意最好的米店。

说到这里，我应该揭晓谜底，前一个卖米者，是现今全国民营制鞋企业的“领头羊”——奥康掌门人王振滔；后一个卖米者，是中国台湾首富王永庆。

两个卖米者都成就了自己的梦想，他们的成功也有着惊人的一致——境界决定了世界。

你的世界有多大，与你的境界有多大密切相关。非凡的成就来自非凡的行动，非凡的行动来源于非凡的境界。对于任何一个想要有所成就的人来说，不怕起点低，就怕境界低。

3. 要有高超的服务技能

这是服务群众的基本条件和手段。服务技能水平的高低，直接关系到服务质量，关系到人民群众的切身利益和国家、集体的利益。因此，每个从业者要勤学苦练，不断提高自身的服务技能。中职生针对未来的工作岗位，要练好基本功，为今后的职业工作做好准备。

第十节　鞠躬尽瘁，死而后已

每课诵读

己亥杂诗·其五

作者：龚自珍

浩荡离愁白日斜，吟鞭东指即天涯。
落红不是无情物，化作春泥更护花。

读故事

李春燕：最后的赤脚医生

李春燕，27 岁，是贵州省从江县大塘村乡村医生。李春燕从卫校毕业后嫁给了大塘村一个苗族青年成为一名乡村卫生员，并且在自己家里开设了一间卫生室。

大塘村是一个苗族村寨，只有她一个乡村卫生员，有 2500 多名苗族村民，生活极其贫穷。人们向来缺医少药，过去，村里没有医生，得病了，除了苦熬，就是请“鬼师”驱鬼辟邪，或是用“土办法”自己治疗，死了，谁也不知道是啥原因。现在，大家已经逐渐习惯了生病去李春燕那儿打针吃药，有了初步的医疗保障。

李春燕，严格地讲不能称作医生，只能叫作“卫生员”，因为她没有编制，不享受国家的工资和待遇。由于工作环境差、入不敷出，我国大部分乡村卫生员已改行或外出打工去了。李春燕也遇到过相同的问题，乡亲们来看病，没有钱付药费，只能记账赊欠。2004 年初，一直赔本经营卫生室的李春燕决定关掉卫生室，和丈夫一道去广东打工。当他们正准备出门的时候，闻讯而来的乡亲们正好赶到。村民们掏出皱巴巴的一元、两元钱递给李春燕：“李医生你走了，我们可怎么办？这是我们还你的账，不够的我们明天把家里的米卖了，给补上。”于是李春燕没有离开，这是李春燕留在这艰苦的地方做乡村医生以来唯一想放弃的一次。

她是一位医生，虽然她从来没有机会穿上白大褂，甚至被人在医生的前面还要加上“赤脚”这两个字；她是一名医生，但是不像很多医生那样，不愁自己的衣食，她一个月也许能收入 600 多元钱，但是买药以及买相关的一些东西却要花出 900 多元钱，亏空 300 多元，欠债也就越来越多；她是一名医生，自然被患者所需要，但是跟其他的医生比她的患者似乎对她更加需要，这该是一名怎样的医生？

一、奉献社会的含义

奉献社会是社会主义职业道德的最高要求，是道德的本质特征，是一个从业者的最终目标。

奉献社会就是将自己的知识、才能和智慧毫无保留地、不计报酬地贡献给自己的国家和人民，甚至包括生命，为国家、为社会、为人民做出自己应有的贡献。奉献是社会职业道德中的最高境界，奉献是一种爱心，它其实就在我们身边。“非典”时期的“白衣天使”，不顾自身安危救治患者是奉献，为防止交叉感染，进行日常体温检查的护士也是在奉献；隔离时期与学生同吃同住的教师们是奉献，捐款捐物也是在奉献。奉献是平凡的、大众的，是中华民族的优秀道德传统，应大力弘扬。

【名人名言】人生最美好的，就是在你停止生存时，也还能以你所创造的一切为人们服务。

——奥斯特洛夫斯基

二、奉献社会的重要性

首先，奉献社会是自身发展的需要，是事业取得成功的可靠保证。人的价值的实质在于其对社会的贡献。每个从业者都要通过一系列的职业劳动创造出物质和精神财富，在满足自身需要的同时，也满足了他人和社会的需要。做到这一点的人就会得到社会和他人的肯定和赞扬，实现了其社会价值。同时个人的自身价值也得到了充分实现。离开了对社会的贡献，自我价值的实现就会成为无源之水、无本之木，事业成功也就无从谈起。

华中农业大学经济贸易学院本科生徐本禹，在 2003 年大学毕业后以高分考取本校农业经济管理专业硕士研究生。但他放弃了这次深造机会，回到一年前“三下乡”志愿服务活动中服务过的贵州某山村小学义务支教，并每月从微薄的生活补贴中节省出一半的钱，用来资助当地孩子上学。他用一颗感恩的心回报社会。徐本禹的事迹感动了无数人，尤其是感动了广大青年学生。在他的行为感召下，一些学生也走上了义务支教的道路。他也因此被选为2004年度中央电视台“感动中国”人物。

【名人名言】一个人的价值应该看他贡献什么，而不该看他取得什么。

——爱因斯坦

其次，奉献社会有助于培养人的社会责任感。奉献社会作为职业道德基本规范，使从业者都认识到了自己的社会责任和历史使命。在职业活动中，就会热心为群众服务，积极为人民造福，充分发挥自己的主动性、创造性，为社会贡献出自己的聪明才智，做出实实在在的贡献。21世纪对从业者的职业道德素质提出了更高的要求，每个从业者包括学生都应树立起为人民服务的思想，坚持把集体利益放在第一位，严格按照职业道德规范要求自己，这样才能立足于自己的岗位，服务群众，奉献社会。

濮阳县庆祖镇西辛庄支部书记李连成10多年来带领村民艰苦奋斗，稳定农业，发展工业，搞活商业，使本村一跃成为年人均收入超过6000元、“两个文明”同步发展的河南省文明村，体现出了一个党员的无私奉献精神。

见贤思齐

勇于献身的科学家

鲍尔·海斯德是美国一位研究蛇毒的科学家。他小时候看到全世界每年有成千上万人被毒蛇咬死，就决心研究出一种抗蛇毒药。

他从 15 岁起，就在自己身上注射微量的毒蛇腺体，并逐渐加大剂量与毒性。

这种试验是极其危险和痛苦的，每注射一次，他都要大病一场。各种蛇的蛇毒成分不同，作用方式也不同，每注射一种新的蛇毒，原来的抗毒物质不能胜任，又要经受一种新的抗毒物质折磨。他身上先后注射过 28 种蛇毒。经过危险与痛苦的试验，终于有了收获。他一共被毒蛇咬过 130 次，每次都安然无恙。海斯德对自己血液中的抗毒物质进行分析，试制了一些抗蛇毒的药物，已救治了很多被毒蛇咬伤的人。

三、奉献社会的基本要求

奉献社会的基本要求就是坚持把国家利益、集体利益和社会效益摆在第一位。这是每个从业者职业行为的宗旨。具体要做到：

（一）要有全局观念，正确处理个人利益和公众利益、经济利益和社会效益两种关系

每个从业者都要始终将国家利益、集体利益、公众利益放在首位，无论在什么情况下，始终不忘奉献社会，不做有损于国家、社会的行为。在我国完备的市场经济体制还未真正建立起来之时，国家要给予必要的指导，舆论导向要正确，帮助人们处理好“义”与“利”的关系，处理好经济利益和社会效益的关系，真正把奉献社会的职业道德规范落到实处。

（二）要有奉献意识，具有敬业精神

徐虎说：“你不奉献，我不奉献，谁来奉献？你也索取，我也索取，向谁索取？”因此，每个从业者首先要有奉献意识，从自我做起，牢记为人民服务的宗旨。其次要有敬业精神，敢于实践。敬业是奉献的前提和基础，离开了敬业，奉献就是空谈。每个从业者要把自己的理想和为人民服务的实践结合起来，爱岗敬业，尽职尽责，这样才能做到奉献社会，造福人民。

见贤思齐

生死抉择

2007 年冬天的一个早晨，天还没有完全亮透，“冰城”哈尔滨 203 路公交司机滨子已经在上班的路上了。今天是第二班的车，所以时间还来得及。雪花漫天盖地撒下来，虽然冬天的雪景很美，但作为司机，他最讨厌这样的天气。

距离单位还差两个街口，滨子却突然停下来。在他左侧路口，一辆 203 路公交车摇摇晃晃，似乎正准备停下来。要知道，那可是一个十字路口，稍有一些驾驶常识的人都知道这样做意味着什么，何况这样的天气，这样一个正值上班高峰的时候。这是哪个司机？吃了豹子胆！

滨子的心陡然紧张了起来。几辆“小轿”疾驰而过，似乎为了躲避，公交车速度缓慢，看来并非为了抢道。滨子稍稍放松紧绷的神经。还好，那辆公交车停在了路边。随即，应急灯闪亮起来。乘客们神色慌张、踉踉跄跄地吵嚷着下车。

出问题了！肯定出问题了！

容不得多想，滨子调转方向，加快脚步。

走到近前，看清楚车牌号，滨子知道那个“吃豹子胆”的人是谁了。按理说，小兄弟贺国强打进车队算起，五年了，可从来没出任何事故，至于车，更不可能出现状况，那是车队刚刚买进的最好的一辆车，队长就是因为最信得过他贺国强，才让他驾驶。可今天这是怎么了？

乘客们已经全部下车。滨子迅速登车查看，“小贺，出了什么问题？车子怎么停下来了？”

贺国强端坐在驾驶座位上一动不动，一声不吭。“怎么回事儿？说话呀！”滨子边说，边走到贺国强身旁，拍拍他的肩膀还准备多说几句。却见贺国强双眼紧闭、表情痛苦、身体极其僵硬地靠在椅背上。

“小贺！小贺！小贺！”滨子方觉不对，连声呼喊，却不见贺国强有任何反应……

救护车第一时间赶到。不是一辆，而是好多辆。因为，在打“110”的时候，滨子说有位公交车司机在车上突发急病……所以，负责任的医护人员觉得事情紧急，伤亡情况可能会很严重，便及时调来了多辆救护车。不仅如此，医院方面也紧急加派人手，增加救援力度，做好了重大交通事故的抢救准备。

但是，离去的，的确只有公交司机——贺国强。

经过诊断，贺国强是因为突发脑干出血……医生说，脑干出血发病速度很快，甚至一两分钟之内病人就会昏迷，病人感觉非常痛苦。同时，病人在发病时，极有可能会出现头晕、视物模糊双影、一侧肢体瘫痪等症状……

滨子一个刚强的东北汉子，面对着众多医生护士哭得不能自已！

他说，他登上车的时候，熄火的公交车已经拉上了手刹。也就是说，贺国强在临终的时候不仅将车安全地停在路边、打开警示灯，还拉起了手刹、开了车门。这几个在平常司机来说非常简单的动作，可对于当时的贺国强来说那是何等艰难，那是他克服了身体上多大的痛苦才完成的啊！

用生命来捍卫职责，避免了一场重大事故的发生，挽救了一车人的生命！

贺国强，一个平凡的公交司机，用生死之时非凡的抉择向人们诠释了什么是恪尽职守！

第三章　积德为厚地

土扶可城墙，积德为厚地。——李白

读故事

昔日优秀中职生，今朝优秀外来妹

厦门一家四星级酒店的餐饮部，有位名叫王冬菇的服务员，是个川妹子。她从一个小县城的职业学校旅游服务专业毕业后，远离家乡到福建打工。她在这家酒店工作了四年，便成为这家酒店有名的“微笑天使”，连年被评为“先进个人”，是厦门市“百家窗口优质服务竞赛先进个人”、厦门市“双十佳优秀外来妹”，多家新闻媒体报道过她的先进事迹。1998 年她还荣获福建省“五一劳动奖章”，厦门市正式接纳王冬菇为市民，将她的户口由四川农村迁到了厦门市。

王冬菇在职业学校念书时，就表现出超乎他人的勤奋。她热爱自己所学的专业，热爱学校，热爱班集体，遵守学校纪律，潜心好学。她特别重视职业道德行为养成，不但在职业道德课和礼貌礼仪课上严格要求自己，在其他课上和课余生活中也礼貌待人，不论校内校外，只要有机会就用旅游服务行业的职业道德规范进行实践。她担任学习委员，不但以此鞭策自己的学习，而且以此锻炼自己的组织能力和服务意识。王冬菇在学校里无论做什么工作都特别投入。练站功，她一边默默地背诵动作要领，一边训练自己，在疲惫不堪时还能面带笑容；练托盘，她一边托着红砖忍着手臂的酸痛，一边回忆旅游服务的行业职业道德规范；练摆台，她不但讲究口布花的艺术造型，还能根据不同国籍顾客的习惯做出特定动作；练做床，她不但要求自己做到动作干净利落，还用星级酒店最高标准要求自己；练普通话，她不但课内说普通话，回了家也不间断……辛勤的汗水，艰苦的努力，不但换来了平均92分的优异成绩结业，而且荣获“优秀学生”称号，受到学校的表彰。进了酒店，她要求自己不干则已，要干就要干得出色。她的第一个岗位是客房清洁工，业余时间按酒店要求刻苦训练，在同一批进店的清洁工中第一个达到整理每一间客房耗时不超过25分钟，而且无任何毛发积垢余留。调到餐饮部没几个月，就勇夺全店技术比赛托盘亚军，荣获全市涉外饭店青年岗位能手托盘比赛二等奖。

餐厅服务员的工作天天是“端”、“托”、“送”、“递”、“问”、“站”，王冬菇不但愿意到最累、最苦的岗上服务，而且经常在顾客盈门、人手短缺时，带头加班，并抢着做劳动强度最大的工作。她把在学校学到的相关心理知识运用到工作中去，服务热情周到。有一位长住酒店的日本客人，常常为一些莫名其妙的小事大发雷霆，甚至摔东西，使不少服务员对他敬而远之。但王冬菇却不回避，用真诚的微笑和完美的服务招待他。说也奇怪，这位众人难以伺候的日本客人每逢王冬菇服务时就变得安分守己，王冬菇也因此博得了“微笑天使”的雅称。她对工作十分投入，一位有名而且十分挑剔的香港酒店老板在餐厅用餐后，对王冬菇发自内心的微笑和细心周到的服务赞不绝口：“这位小姐简直是天使，服务时太投入了！”

王冬菇既接待过中央首长，也招待过外国贵宾，还以真诚的微笑和娴熟的技能为不计其数的平民百姓服务。不少顾客一进餐厅就能够认出以前招待过他们的王冬菇，见到她都会不由自主地竖起大拇指说："好样的。"朱镕基等中央首长也称赞她服务到位、动作轻柔、考虑周到、始终微笑，是个非常优秀的服务员。王冬菇对待顾客的赞誉和领导的关心，常常轻声地回答："荣誉归于集体，成绩只是过去，想到家乡父老，想到关心我的人，我会踏踏实实站好每一班岗。"

评析与思考：行业职业道德规范是本行业对人员的具体要求和规定。要想把这些要求和规定落实到具体的职业活动中，变成践行职业道德的实际行动，不是一朝一夕能做到的。王冬菇参加工作仅四年就成为受中外宾客一致好评的"微笑天使"，成为厦门市"百家窗口优质服务竞赛先进个人"，成为福建省"五一劳动奖章"的获得者，这与她在职业学校的学习有哪些联系？她在酒店服务员的岗位上具有哪些符合本行业要求的职业道德行为？她的职业道德行为是怎样养成的？职业道德行为养成对她的事业发展有哪些作用？

第一节　静以修身，俭以养德

每课诵读

诫子书

作者：诸葛亮

夫君子之行，静以修身，俭以养德。非淡泊无以明志，非宁静无以致远。夫学须静也，才须学也。非学无以广才，非志无以成学。淫慢则不能励精，险躁则不能治性。年与时驰，意与日去，遂成枯落，多不接世，悲守穷庐，将复何及！

读故事

小酒店的故事

古代流传着这样一个小故事：有一户人家，夫妻俩经营一家小酒店。因酒香味美、价格低廉，生意还算兴隆。一日，丈夫外出办事，仅妻子一人在家经营。过了一些日子，酒剩得不多了，可是顾客却很多。怎么办呢？妻子灵机一动，往酒缸里倒进不少水。几天后，丈夫回来了。妻子高兴地把这件事告诉了他，并说从中赚了许多钱。没想到，丈夫号啕大哭。妻子感到奇怪，怎么赚钱了还哭？丈夫说："你把咱们家最值钱的东西给卖了！"妻子更诧异了："我卖什么最值钱的东西了？"丈夫说："你把咱们家多年苦心经营才得来的最宝贵的东西——信誉卖了呀！今后咱们的日子可怎么过呀！"

明道理

一、职业道德行为养成的内涵

（一）职业道德行为的含义

所谓职业道德行为，是指从业者在一定的职业道德知识、情感、意志、信念支配下所采取的自觉活动，如爱岗敬业、诚实守信、办事公道等。

（二）职业道德行为养成的内涵

职业道德行为养成是指从业者按照职业道德规范的要求对一些职业活动进行有意识的训练和培养。可见，从职业道德的形成来看，道德认知是前提，道德情感、意志是动力，道德信念是核心，道德行为习惯是结果。它们共同构成了职业道德品质。孔子曰：

“性相近，习相远。”所谓性，就是品性、品德；所谓习，就是学习、训练、修养。一个人的职业道德品质的高低主要取决于两方面，一是教育、环境；二是修养。前者是外因，后者是内因。外因通过内因起作用。如清洁工虽然收入不高，但由于品德高尚，依然可以做到拾金不昧；大学教授虽然社会地位较高，但某些人为了追求利益，不惜伪造论文。可见社会主义职业道德的原则和规范，只有被从业人员所认识、实践，内化为自己从业行为中的特定倾向，才能真正养成良好的职业道德行为，由“自然人”上升为“道德人”。

职业道德行为养成的最终目的，就是要把职业道德原则和规范贯彻落实到职业活动之中，养成良好的职业行为习惯，做到言行一致，知行统一，进而形成高尚的职业道德品质，并达到崇高的职业道德境界。

对中等职业学校的学生来说，就是要珍惜在校学习的宝贵时光，从道德认知开始，培养自己的职业道德情感、意志，思想上形成坚定的道德信念，有意识地培养自己的职业道德品质，并根据自己的专业特长初步具备良好的职业行为习惯。这将对未来的职业生涯和个人生活产生积极、深远的影响。

【名人名言】“履，德之基也。谓以行为德之基也。基，始也。德自行而进也，不行则德何由而积？”

——陆九渊

二、职业道德行为养成的作用

职业道德行为的养成是为了培养良好的职业道德行为习惯，提高职道德素质，从而为将来的职业生涯奠定良好的基础。养成良好的职业道德行为，无论对个人，还是社会，都具有十分重要意义。

见贤思齐

一位纳粹集中营的幸存者呼吁道：“亲爱的老师，我亲眼看到人类不应见到的情景：毒气室由学有专长的工程师建造；儿童被学识渊博的医生毒死；幼儿被训练有素的护士杀害。所有这一切，我怀疑，教育究竟为了什么？我的请求是：请你帮助学生成长为具有人性的人，只有在我们的孩子具有人性的情况下，读与算的能力才具有价值。”这正如爱因斯坦所说：“用专业知识教育人是不够的，通过专业教育，他可以成为一种有用的机器，但不能成为一个和谐发展的人。”现在许多企业在招聘员工时，达成了一个共识：有才有德的人是正品，有德无才的人是次品，有才无德的人是毒品，无才无德的人废品。对企业来说，这个德最重要的就是职业道德。人们的工作经验可以在工作中积累，专业技能可以在岗位上强化，但职业道德素质需要在学校和工作岗位系统培养。重视学生职业道德观念的熏陶和职业道德行为的养成至关重要。

（一）提高自身素质

一个人要干好本职工作，除了需要有多方面的能力外，还需要有多方面的素质，其中最重要的素质就是职业道德素质。职业道德素质是新时期从业人员最基本的素质，是人的全面素质的重要组成部分。而职业道德行为则是职业道德素质的体现。一个企业有好的信誉，是因为它有好的产品，而只有具备好人品，才能生产出好的产品；一所学校有好的信誉，是因为它有好的教学质量。只有教育者具备好的人品，才会对工作精益求精、一丝不苟，才会对学生负责、对社会负责任。

社会主义现代化建设对中等职业学校学生的素质提出了更高的要求。在校学习期间，不仅要学好文化知识、专业知识，掌握专业技能，还必须加强职业行为习惯的养成训练，培养良好的职业道德素质，不断提高自身的全面素质，以符合未来岗位对人才素质的要求。个人素质究竟受不受社会欢迎，个人修养对职业有哪些影响，不能凭空想象，只要经过实践，走向社会，就会得到验证。

见贤思齐

耶鲁大学有一批应届毕业生22人，实习时被带到华盛顿的白宫某实验室里参观。全体学生坐在会议室里等待该实验室的主任胡里奥的到来，这时有秘书给大家倒水，同学们表情木然地看着她忙活，其中一个还问了问："有黑咖啡吗？天太热了！"秘书回答说："抱歉，咖啡用完了。"

有一个叫比尔的学生看着有点别扭，心里嘀咕："人家给你倒水，还挑三拣四的。"轮到他时，他轻声说："谢谢，大热天的，辛苦了。"秘书抬头看了他一眼，满含着惊奇，虽然这是很普通的客气话，却是她今天听到的唯一一句。门开了，胡里奥主任走进来和大家打招呼，不知怎么回事，静悄悄的，没有一个人回应。比尔左右看了看，犹豫地鼓了几下掌，同学们这才稀稀落落地跟着拍手。胡里奥说："欢迎同学们到这里来参观。平时这件事一般都是由办公室负责接待，因为我和你们的导师是老同学，非常要好。所以，这次我亲自来给大家讲一些有关情况。我看同学们好像都没有带笔记本。这样吧，秘书，请你去拿一些我们实验室的纪念手册，送给同学们作纪念。"接下来，更尴尬的事发生了，大家都坐在那里，很随意地用一只手接过胡里奥主任双手递过来的手册。胡里奥主任脸色越来越难看，走到比尔面前时，已经快要没有耐心了。就在这时，比尔礼貌地站起来，双手握住手册恭敬地说了一声："谢谢您！"胡里奥闻听此言，不觉眼前一亮，伸手拍了拍他的肩膀："你叫什么名字？"比尔照实回答，胡里奥微笑着回到自己座位上。早已汗颜的导师看到此情景，微微松了一口气。

从这个事例可以看出，仅仅是初步接触，反应就大不一样。个人修养的不同，会带来不同的结果。正如生产企业所倡导的"人品实现产品，产品体现人品"。人品在社会生活、生产的各个领域是何等重要！青年学生只有重视个人素质的提高，才能在未来的岗位上进步成才、建功立业。

（二）促进事业发展

事业的发展与人的职业道德行为密切相关。促进事业发展就是对社会生活有所影响、有所改变，能使社会生活变得更美好。要做到这一点，就要有为他人、为社会做贡献的良好的职业道德。这最终是通过职业道德行为体现的。所以，良好的职业道德行为必然能促进工作上台阶、上水平、出成果。而好的成果又能激发从业者的事业心，必然能成就一番事业。

一个只有初中学历的港口工人，30 年来，凭着勤学苦干，刻苦钻研，“干一行、爱一行、精一行”；凭着强烈的自信心和责任感，在本职岗位上，创造了世界一流的效率和业绩，获得了“工人专家”的美誉。在他的身上，既看到了时传祥、王进喜、郝建秀、李素丽等中国几代劳模的精神追求和延续，又充分体现着市场经济环境下现代先进生产力发展的要求。他就是青岛港桥吊队队长许振超。

青岛港被誉为“21 世纪的希望之港”，在创造希望的历程中，许振超恪守“干就干一流，争就争第一”的人生追求，带领吊桥队创出了无论多大的船都能在 10 小时以内完成装卸作业的全国最高效率，并一举创出集装箱单船装卸效率世界纪录！

许振超不是传统意义上的普通工人。他不论在什么岗位，总是不断超越。他将两台旧的笔记本电脑，拼成一台可用的电脑，率先在基层队用上了计算机，并在全港基层队中推广应用了计算机管理，这正是当前最缺乏的高级技工的特色。“一钩准”、“一钩清”、“无声响操作”，这些“绝活”代表的是一种技术进步，反映着一种先进的生产理念。讲究的是将技术与实干相结合，以效率带动效益。许振超精神，不仅弘扬了时代的精神，同样给所有的技术工人指出了发展方向。

“振超精神”就是爱岗敬业、勇创一流、为国争光的主人翁精神；就是刻苦学习、岗位成才、不断创新的开拓进取精神；就是带好队伍、凝聚人心、团结协作的团队精神；就是以身作则、勇挑重担、艰苦奋斗的奉献精神。

【名人名言】选择了就要爱岗。爱岗，才能敬业。要有主人翁意识，给自己的工作都不好好干，怎能谈到对公司负责。

——许振超

（三）实现人生价值

人生价值就是一个人在生命旅途中，通过劳动创造活动，满足社会和他人需要的积极的属性。良好的职业道德行为是实现人生价值的基础，实现人生价值需要我们自觉地履行职业道德规范。履行职业道德规范就是服务群众、奉献社会。因此，人生的追求离不开社会。个人只有把自己融入社会的大事业之中，人生才有意义、才有价值。在掌握岗位技能的同时，自觉培养良好的职业道德行为。将服务群众、奉献社会等职业道德基本规范变成个人的自觉行动，就会养成良好的职业道德行为，从而在服务群众、奉献社会的职业实践中实现人生价值。

当然，对职业道德行为理解的不同，自然也会在实际的工作中有不同的投入。那些把职业道德行为当作实现人生价值之手段的人，会对工作非常尽心尽责，千方百计为顾客着想，最终成为本职工作的行家里手，得到社会的承认；而那些只把职业道德行为当作养家糊口的手段，不得已而为之的人，其职业道德行为是被迫的，不可能长久保持下去，只要有可能就降低要求，若能不劳而获，他们就趋之若鹜。这样完全不同的态度，不仅对职业劳动的质与量产生实际的影响，也会对人生价值的实现产生影响。

【名人名言】现实是此岸，理想是彼岸，中间隔着湍急的河流，行动是架在两岸的桥梁。

——克霍洛夫

见贤思齐

全国劳动模范、共产党员徐虎，在水电修理工的平凡岗位上，长期积极主动地为居民排忧解难，用“辛苦我一人，方便千万家”的精神，谱写了一曲新时代的雷锋之歌。

当徐虎第一次去居民家修堵塞的抽水马桶时，还是傻了眼：粪便、污水淌了一地。别说干活，连立脚的地方都没有。但是，看看居民焦急的样子，想想自己干的就是这一行，也只好硬着头皮上。徐虎忙着干活，居民在边上忙着端茶、敬烟。马桶修好了，居民连声道谢。事后，还特地给房管所写了感谢信。这件事，给徐虎留下了深刻的印象。他想，自己干了分内的工作，居民就这么感激，真的应该尽心尽力做好。从此，只要一有空，徐虎总是认真学习维修水电技术。碰到居民报修，徐虎一喊就到，及时解决。碰到难做的活儿，徐虎千方百计做到居民满意。每次修理完毕，徐虎都主动做好清洁工作；对居民的酬谢，他笑着谢绝；碰上挑剔的居民，还要耐心说服。一来二去，徐虎和居民们的关系从生疏变得熟悉、融洽了。从居民的欢笑声、赞扬声中，徐虎体验到了人生的欢乐、工作的价值。再脏、再累，心里也是高兴的。

一个大热天的上午，一位中年妇女急匆匆地赶来报修。原来，头天晚上6点多钟，这户居民家的楼层突然断电。三户居民家里的电扇、冰箱全都不能用。孩子点蜡烛复习迎考。白天上班没空报修，晚上报修又找不到人。她说：“今天特地请事假出来报修，请你们无论如何要帮助修好。”徐虎以前也碰到过类似情况。但是，那时总认为，维修工能做到“你来报，我去修”，并且保证维修质量，已经很不容易了。可是这次，徐虎却心头一震。他想，修修电线、通通马桶，对自己来说是举手之劳，对居民来说却是关系到正常生活的大事。徐虎从警民联系箱得到启发，萌生了业余时间为居民挂箱服务的念头。他把这一想法告诉了同在房管部门工作的妻子侯梅英，并得到了她的理解和支持。房管所所长徐裕鑫也热情地鼓励徐虎保持荣誉，更好地为居民服务。1985年6月23日是个星期天，徐虎来到光新二村、石泉路75弄和石泉六村，挂上了三只“夜间水电急特约服务箱”，上面写着“凡属本地段的公房住户如有夜间水电急修，请写纸条投入箱内。本人热忱为您服务，每天开箱时间晚上7点。中山房管所徐虎”。打那以后，每天晚上7时，徐虎总是带着工具包，走向三个报修点。然后按照报修的纸条，挨家挨户上门修理。打从挂箱服务的那天起，在徐虎的心里就没有了“星期日”和“节假日”，只留下“为民服务”四个字。

十多年来，不管刮风下雨、冰冻严寒，还是烈日炎炎或节假日，徐虎总会准时背上工具包，骑上他的那辆旧自行车，直奔这三个报修箱，然后按着报修单上的地址，走了一家又一家。

十多年中，他从未对他的用户失信过。十年辛苦不寻常，徐虎累计开箱服务3700多天，共花费7400多个小时，为居民解决夜间水电急修项目2100多个，他被群众誉为“晚上19点钟的太阳”。

徐虎爱岗敬业，十年如一日义务为居民服务，在平凡的工作中做出不平凡的成绩。1998年以后，徐虎同志开始从事管理工作，历任徐虎物业经营有限公司副董事长、党支部书记等职，2002年5月，调任上海西部企业集团任物业总监。从普通的水电维修岗位到企业中层管理岗位，徐虎坚持角色变了，“辛苦我一人，方便千万家”的信念不变，一如既往地用自己的敬业、钻研和奉献精神，在物业管理工作中做出了新的贡献。他积极钻研“本帮”物业和现代经营管理理论，结合自己的物业实践，撰写了多篇具有前瞻性和可操作性的研究论文。他主动挂牌授徒，手把手把自己的专业技能和服务理念传授给徒弟，形成了广泛的“徐虎效应”，促进了员工队伍素质的整体提高。他经常深入社区听取意见，及时处理群众来访，解决了多起物业维修方面的疑难杂症，受到了居民群众的称赞。

可见，徐虎将水电维修职业道德规范，自觉转化为职业道德行为，落实在自觉的行动中，“辛苦我一人，方便千万家”，在服务群众、奉献社会的职业实践中实现了人生价值。

（四）抵制不正之风

良好的职业道德行为能使从业者自觉抵制不正之风。抵制不正之风，既是我国规范市场经济秩序和加强社会主义精神文明建设的任务，也是每个从业人员的义务和责任。职业道德基本规范之一就是办事公道，如果司法人员受贿，必然办事不公；医务人员吃回扣，受害的是患者；企业员工受贿，必然会损害企业的利益或群众的利益。如果大家都能遵守职业道德，按照职业道德基本规范自觉地、有意识地加强职业道德行为训练，强化职业道德意志，坚定职业道德信念，养成良好的职业道德行为，就能抵制不正之风的侵蚀，社会风气就会好起来。

党和国家历来很重视职业道德建设，特别是中共十二大明确提出了职业道德建设的政策与措施，中共十二届六中全会通过的《关于社会主义精神文明建设指导方针的决议》，使全国职业道德建设呈现出一派生机勃勃、欣欣向荣的景象，群众性的职业道德建设广泛开展，涌现出一大批先进人物和文明单位。但不容忽视的是，在市场经济的新形势下，由于拜金主义、享乐主义、极端个人主义、庸俗功利主义等思想的冲击和侵蚀，在我们的社会生活中出现了一些不正之风。在一些干部中出现了以权谋私、权钱交易、贪污受贿、铺张浪费、弄虚作假、损公肥私、失职渎职、徇私舞弊等腐败行为；行业中开后门、拉关系、以次充好、以假充真、缺斤短两、态度粗暴、不负责任、不守纪律、尔虞我诈、见利忘义等现象屡屡发生。因此，我们应养成良好的职业道德行为，自觉纠正违背道德的行为，抵制不正之风。

学以致用

案例分析：青岛海尔集团总裁——张瑞敏，1985 年来到海尔（时称青岛电冰箱厂），为实现“产品质量零缺陷”理念，当众砸毁 76 台有缺陷的冰箱。一些工人建议便宜些处理掉，当时一台冰箱 1200 元左右，相当于一个工人两年的收入。三年之后，海尔捧回了中国冰箱业第一块国家质量金奖，随后的发展使海尔进入世界企业 500 强。

请思考：砸毁有缺陷的冰箱，反映了怎样的职业道德行为？对海尔的发展起了什么作用？

第二节　修合无人见，存心有天知

每课诵读

卜算子　咏梅

作者：陆游

驿外断桥边，寂寞开无主。
已是黄昏独自愁，更著风和雨。
无意苦争春，一任群芳妒。
零落成泥辗作尘，只有香如故。

读故事

以“济世养生”为宗旨的北京同仁堂创建于清康熙八年（1669年），由于“配方独特、选料上乘、工艺精湛、疗效显著”，自雍正元年起，同仁堂正式供奉清皇宫御药房用药，历经八代皇帝，长达近二百年。

老一辈创业者伴君如伴虎，不敢有丝毫懈怠，终于造就了同仁堂人在制药过程中小心谨慎、精益求精的企业精神。

在300多年的历史长河中，历代同仁堂人树立“修合无人见，存心有天知”的自律意识，确保了“同仁堂”这一金字招牌的长盛不衰。有一次当经销商在广告中擅自增加并夸大某种产品的药效时，同仁堂郑重登报予以纠正并向消费者道歉。

同仁堂品牌作为中国第一个驰名商标，享誉海外。目前，同仁堂商标已经受到国际组织的保护，在世界50多个国家和地区办理了注册登记手续。成为拥有境内、境外两家上市公司的国际知名企业，企业实现了良性循环。

明道理

良好的职业道德行为不是一朝一夕养成的，而是按照职业道德规范的要求并有意识地培养，靠日积月累形成的。所以职业道德行为不是与生俱来的，它是后天培养和训练形成的一种良好的职业行为习惯。有了这种好的行为习惯，才能把职业道德原则和规范贯穿于、落实到职业活动之中，才能做到言行一致、知行统一，进而形成高尚的职业道德品质，并达到崇高的职业境界。

一、在日常生活中培养

职业道德行为最大的特点是自觉性和习惯性，而培养人的良好习惯的载体是日常生活。俗话说，“习惯成自然”，因此，每一位同学都要紧紧抓住这个载体，有意识地坚持在日常生活中注重培养自己的良好习惯，久而久之，习惯就会成为一种自然，即自觉的行为。“培养”意为按照一定的规范长期地教育和训练。

在日常生活中培养职业道德行为应做到以下几个方面。

（一）从小事做起，严格遵守行为规范

行为规范是指在行为方面约定俗成或明文规定的标准、准则。它告诉人们该怎样做，不该怎样做。从小事做起，严格遵守行为规范，就是要求每位同学在日常生活的点点滴滴中切实按照中职生的各种规范来要求自己，衡量自己的言行，指导自己的各种实践，不能随心所欲、放纵自己。

“黎明即起，洒扫庭厨”。古时的《童蒙须知》、《训蒙斋规》都是从小处着手，培养儿童日常生活习惯，长期训练坚持，以至形成良好的道德修养。在同学们的日常生活中，应该有规律地生活，比如，按时起床，出早操，早饭后提前进入教室阅读，不大声喧哗，不随地吐痰，不随手扔纸屑，同学间、师生间文明礼貌，尊敬师长，勤学好问，晚自习不交头接耳，水房洗漱互相谦让，按时睡觉，不影响他人休息等。这些都是小事，但不可小视。如果能养成良好生活习惯，将受益无穷。反之，将受害无穷。比如，不走斑马线，乱闯红灯等，既违反交通规则，又对自己的生命不负责任。

【名人名言】每一次克制自己，就意味着比以前更强大。

——高尔基

从业者良好的综合素质，需要通过良好的职业道德行为来体现。良好的职业道德行为是通过认真地做好每一件小事而养成的。道德行为是在日常学习生活中逐渐形成的，培养良好的道德行为应该从点滴小事做起。看似平常的行为规范，如果我们日复一日，年复一年，能够做到，那就很不简单。日常行为规范是道德规范的基础，道德规范是日常行为规范的提高，只有从日常行为规范入手，养成良好的习惯，才能理解基本的道德规范，提高职业道德水平。

见贤思齐

福特大学毕业后，去一家汽车公司应聘。和他同时应聘的三四个人都比他学历高，当前面几个人面试之后，他觉得自己没什么希望了。但既来之，则安之。他敲门走进了董事长的办公室，一进办公室，他发现门口地上有一张废纸，他弯腰捡了起来，并顺手把它扔进了废纸篓里。然后才走到董事长的办公桌前，说："我是来应聘的福特。"董事长说:"很好，很好！福特先生，你已被我们录用了。"福特惊讶地说："董事长，我觉得前几位都比我好，你怎么把我录用了呢?"董事长说："福特先生，前面三位的确学历比你高，而且仪表堂堂，但是他们的眼睛只能看见大事，而看不见小事。你的眼睛能看见小事，我认为能看见小事的人，将来自然能看到大事，一个只能看见大事的人，他会忽略很多小事，他是不会成功的。所以，我才录用了你。"福特就这样进了这个公司，这个公司不久就扬名天下，福特把这个公司改为“福特公司”，也改变了整个美国的国民经济状况，使美国的汽车产业在世界独占鳌头，这就是今天“美国福特公司”的创始人福特。

反省自我

小事随便大事忧

吴浩家在农村，虽然家庭贫困，但他不懈努力，考上了一所很不错的大学，学的是计算机专业，毕业后应聘到一家科技含量很高的公司。由于吴浩在软件开发方面有特长，接连完成了几个科研难题，公司对他很器重，不到两年就提拔为部门副经理。

吴浩为人豪爽，不拘小节，与同事们相处得很融洽。平时朋友有什么困难向他求助，他总是热情有加，大家对他的印象都很不错。

一年后，吴浩所在的部门经理出国了，经理位置空了下来。于是吴浩踌躇满志，觉得他这个副经理不久就会转正的，他春风得意。

可是，一个月后，总部没有任何反应。吴浩有点着急，不过他不好意思询问。又过了一个月，总部调来一个行政人员出任经理。

总部的这个决定太出人意料了，大家都为吴浩感到委屈。吴浩也纳闷，不知自己哪里出了问题，那段时间他的情绪很低落。

不久，就是公司年终大会了。会后，吴浩被总经理叫到办公室。

“公司发展到今天，你功不可没。”总经理说，“你是一个能干的人，尤其在软件开发方面，是我们公司的顶梁柱，在人缘方面，也是有口碑的。对于有贡献的员工，也应该升职加薪，但对你的职位安排，公司总部是经过慎重考虑的。”接着，老板讲起吴浩的一些表现，吴浩听后脸顿时红了。

原来，有一次，在吴浩的努力下，公司拿到一份大订单，总经理吩咐由吴浩负责。与对方谈好价格，吴浩到财务部门要求开票时，多开了5000元，装进了自己的口袋。

当时，负责这个项目的人员少，很多杂务都由吴浩做了。他在感受受宠滋味的同时，还拿了一点回扣。吴浩觉得，这个订单上百万，自己从中私拿5000元钱，不会有人在意，也完全是犒劳自己的。

另外，吴浩喜欢旅游，一旦有假公济私的机会，自然不愿放过，不过是一些小钱，比如在风景地开会，三天会期，吴浩总是提前一天到达。对此，公司没有规定，吴浩觉得也不是什么了不起的大事情。时间久了，他养成了习惯，凡是去风景优美的城市，必定提前到达。再比如，公司规定，吴浩他们这一级别的职员，不能坐商务舱，有一次与总经理同行，普通舱满员，吴浩享受了商务舱的待遇。以后，只要订不到普通舱，他就指定要商务舱。每个周末，吴浩都请客户吃饭，并让家人一起吃饭，费用报销。

做大事情，吴浩一向严谨，对于一些小事，确实有些随意、“不拘小节”。当公司要降大任于他的时候，有心人把吴浩这些“随便”的小事叠加起来，结果，影响了老总对他的印象分。

我们有一句俗话，叫“占小便宜吃大亏”，这类人面对重大是非问题时，完全可以把握住方向，做得井井有条，一丝不苟。可是，在一些小事情上，他们总是显得很随便，“不就小事一桩吗？不足挂齿”。可很多时候，正是从这些细微的小事上，能看到一个人的素质，反映出一个人的思想品质和道德原则。因此，大事需要慎重处理，而小事也不能随便。“业精于勤，荒于嬉；行成于思，毁于随”，在这个讲求细节的时代，很多时候，摧毁事业堤坝的往往不是“洪水猛兽”，而是不起眼的“蚁穴”。

看得见小事的人能看得见大事，但能看得见大事的人，不一定能看得见小事。

（二）从自我做起，自觉养成良好习惯

【名人名言】习惯是一种多么顽强的力量，它可以主宰人的一生。一切天性和诺言，都不如习惯有力。正所谓观念变，行动就变；行动变，习惯就变；习惯变，性格就变；性格变，命运就变；命运变，你的一生就改变。

——培根

1. 习惯——指长时期逐渐养成的一时不容易改变的行为、倾向或社会风气

习惯有好坏之分，良好的习惯是一个人终身受用的资本，不好的习惯则是一生的羁绊。好习惯助人成功，坏习惯使人受挫。科学研究表明，一个人一天的行为中大约有 5% 属于非习惯性的，而 95% 的行为是习惯性的，如几点起床、饮食口味、与人交往等。

从中职学生现状来看，坏习惯是不文明行为的“病根”，是学业颓废的罪魁祸首。日本作为一个世界经济强国，其公司的新员工在开始工作前，都要先参加礼仪培训，包括如何接电话、如何走路。孩子们从小更是要接受文明教育。因此，破除坏习惯，开展文明教育，从个人生活卫生、学习、道德等方面养成良好习惯，提高学生综合素质，形成一个处处讲文明的环境，是素质教育的必然要求。从大处着眼，这也是参与国际交流，提升国民形象，增强国家竞争力的迫切需要。每一位同学要从自我做起，从行为规范要求入手，从行为习惯训练抓起，持之以恒，就能养成良好的习惯。

反省自我

小张在大学学管理专业，毕业后进入一家有名的合资企业，在办公室工作，面对幽雅的办公环境，丰厚的工资收入，她很满足。与小张同在一个办公室的还有另外一所大学毕业的小黄，两人关系很好。小黄在工作时间多次外出上街逛商场，遇到经理找小黄，小张就常替她撒谎。一次，经理在街上恰好看见小黄悠闲地逛街，经

理返回办公室后又问小张，小张再次帮小黄撒了谎。经理查过考勤记录，对小张说："我检查三次，你为小黄撒谎三次，鉴于你们的表现，我正式通知你们，从明天起，你们被解雇了。"就这样，刚工作一个月，她们就被辞退了。

小张与小黄的行为，与她们平时养成的不良习惯密不可分。在学校，我们经常见到类似的情况，老师上课点名时，他人替缺课者答到；测验时，有的同学替没来的同学答卷、给同学传纸条……对此，有的同学不以为然。这些不良习惯一旦形成，将来会影响到职业行为，总有一天会摔跤的。

习惯不是由遗传得来的，而是在后天的生活环境中经过学习、培养取得的。从生理机制来讲，习惯又是一种后天获得的条件反射。了解了习惯的后天性特征，我们就要有意识、有目的地进行良好习惯的训练，防止并克服不良习惯的形成，充分发挥主体的能动作用。

2. 培养良好习惯的方法

努力学习，强化认识。思想决定行动，一个人的行为是受其思想意识支配的。良好的行为习惯取决于对行为的正确认识。知道哪些是对的，哪些是错的，从而选择正确的行为方式，作为自己的行为准则。一个有着强烈责任心，富有关爱情怀，关注世界发展并积极进取的人，会在各方面严格要求自己，不断汲取新养料，用丰富的知识充实自己，从而不断地完善、提升自我。在做人方面会逐渐养成热爱集体、尊敬师长、诚实守信、遵纪守法、富有责任感、积极向上等一些好习惯；在生活方面会养成认真做事、讲文明、懂礼貌，爱护公物、遵守公共秩序，按时作息、坚持锻炼身体、不看不健康的书籍，不吸烟、不喝酒、不赌博，不迷恋网络、能自我约束等良好习惯；在交往方面乐于交往、关爱他人，善于与他人沟通合作、尊重他人，乐于参加社会活动和班集体活动，无暴力倾向。胸怀大度、宽容，能与异性正常交往等；在学习方面热爱学习、刻苦敬业、独立完成作业、遵守课堂纪律、不迟到、不早退、不旷课。

正确的认识是我们养成良好习惯的根基。

培养毅力，坚持不懈。好习惯在养成的过程中需要有顽强的毅力，并坚持不懈，尤其是对以往有不良习惯的人。良好习惯的培养需要持之以恒，否则只能功亏一篑。比如，水烧到99摄氏度，你认为差不多了，不用再烧了，那么，你永远喝不到真正的开水。在此情况下，99%的努力就等于零。坚忍能使一个人通往成功并成就伟大的事业。篮球巨星拉里·伯德是NBA历史上最出色的三分球投手。拉里·伯德将这种自律习惯贯穿在他的整个职业生涯中，把自己的天赋发挥到了极致，走向了事业的辉煌。

结交乐观、积极的人。常言道：近朱者赤，近墨者黑。如果一个人整天和有恶习的人在一起，自己迟早也会变成那样的人；相反则会变成一个拥有乐观、激情、进取精神的有良好习惯的人。个人的交际对习惯的形成有非常大的影响。

训练潜意识，人为地设定好习惯的结果。习惯存在于我们的潜意识深处，为了克服坏习惯，养成好习惯，我们必须有意识地关注潜意识，与潜意识进行沟通交流，再对它进行必要的培训，最后调整好它的新程序。当我们培养好习惯时，我们预先设置某种良好结果，训练自己的潜意识，将它与好习惯的结果紧密联系到一起，也就开始走上了培养好习惯的道路。

自觉接受外界的监督。只有内因外因共同起作用，才更有利于良好习惯的养成。

二、在专业学习中训练

专业理论知识与专业技能是形成职业信念和职业道德行为的前提和基础。职业道德行为习惯的养成，离不开知识的学习和技能的提高，一个从业者只有具备了深厚的专业知识、精湛的职业技能，他所拥有的职业道德知识、情感、意志和信念才有用武之地，才能在自己的职业岗位上做出应有的贡献。而知识和技能是要靠日复一日的钻研和训练才能取得的。

“训练”就是有计划、有步骤地使之具有某种特长或技能。在专业学习中训练职业道德行为的要求是：

（一）增强职业意识，遵守职业规范

职业意识是人们对求职择业和职业劳动的各种认识的总和。它是职业活动在人们头脑中的反映。职业规范是指某一职业或岗位的准则，包括操作规程和道德规范。

专业学习是获得专业理论和专业知识的基本途径，专业实习是了解专业、了解职业及其相关职业岗位规范，培养职业意识，养成良好职业习惯的主要途径。凡事预则立，不预则废。中等职业学校的学生要在专业学习和实习中增强职业意识，遵守职业规范，这是未来干好职业、实现人生价值的重要前提。

俗话说：干什么吆喝什么。从业者的职业意识强不强，能不能严格遵守职业规范，关键是观察从业者的职业行为，看他像不像干这一行的。比如，纺织工人娴熟的动作；服务人员热情周到的服务；产业工人的吃苦耐劳等，既反映了其职业意识，也反映了其道德素质。

（二）重视技能训练，提高职业素养

技能即职业技能，掌握技能是一个从业者的能力因素是否胜任工作的基本条件，也是实现人生价值的基本任务。中职生在专业技能训练中，不断提高自己的职业素质。因此，作为未来的从业者，应当高度重视技能训练，刻苦钻研，培养过硬的专业技能，干一行、爱一行、专一行。如掌握录入方法，必须在计算机键盘上反复练习；经验丰富的警察，仅凭双眼就能识别出盗贼；刀功过硬的厨师，在丝巾上切肉丝，而丝巾毫无损坏。这些技术不是一天之功，要经过长期训练才能做到。

见贤思齐

荣获首届全国职工职业道德十佳标兵称号的上海中百一店“马派服务”的创始人马桂宁，曾花了几年的业余时间到各类公共场合，对各年龄层次的男女服饰进行观察、比较，总结出规律，不但成为顾客依赖的参谋，而且大大提高了营业额。他还通过刻苦钻研，把实践经验上升为理论认识，概括出顾客的行为目的类型、顾客的购物心理动机类型和心理过程。他对售货工作如此用心，才使得一手交钱、一手交货的商业行为升华为让顾客得到精神享受的“服务艺术”，才使得职业道德意识转化为职业道德行为。

鲁宏勋是中国航空工业的高级技师。他从技校毕业进入以科研为主的单位，做了两年钳工，后来成为数控机床的操作员。数控操作界面都是英文，为了掌握技术，他刻苦学英语，不懂就问。两个月时间里，他掌握了有关操作机床的英语术语。单位对他的评价是：“好学，使他从数控机床操作工人成为解决一些数控加工难题的行家。”由此可见，只要自己发奋就没有什么做不好。

在职业学校的学习生活中，每位同学都要重视技能训练，向劳动模范、先进人物学习，刻苦钻研，强化技能训练，培养过硬的专业技能，不断提高自己的职业素养。

【名人名言】当不了科学家，可以练就一身绝活；当不了能工巧匠，也要当一名优秀工人。

——许振超

三、在社会实践中体验

“人的正确思想，只能从社会实践中来。”丰富的社会实践是指导人们发展、成才的基础，是实现知行统一的主要场所。职业道德行为的养成离不开社会实践。社会实践是职业道德行为养成的根本途径。离开社会实践，既无法深刻领会职业道德的内涵，也无法将职业道德品质和专业技能转化为造福人民、贡献社会的实际行动。新时期有许许多多的职业道德先进人物和职业道德标兵，劳模的职业道德行为都是通过职业活动的实践来体现的。

“体验”意为通过实践来认识周围事物。在社会实践中体验职业道德行为的方法有如下几种：

（一）参加社会实践，培养职业情感

职业情感是从业者在职业活动时所产生和确立起来的内心情绪的体验。它是一个人从业时应具备的最起码的情感。社会实践是培养职业情感的有效途径之一。我们每位同学应在生产实习、为人民服务、青年志愿者活动、社区服务、参观、社会调查、采访劳模等社会实践中有意识地进行体验，进而了解社会，了解职业，了解自我，熟悉职业，体验职业，明确社会对人才的道德素质要求；陶冶职业情感，培养对职业的正义感、热爱感、义务感、良心感、荣誉感和幸福感等情感。如护士进行临床实习，可增强救死扶伤的道德情感；财会人员的实习，可增强按财务制度办事的情感；钳工、电工的专业现场实习，可培养从业者敬业、吃苦耐劳的品德等。

【名人名言】有知识的人不实践，等于一只蜜蜂不酿蜜。

——萨迪

（二）学做结合，知行统一

“知”是指在职业实践中经过总结经验和教训而获取的正确认识。“行”是指社会实践、职业活动，即人们改造客观世界的一切活动。在社会实践中，我们要把学和做结合起来，把学到的职业道德知识、职业道德规范运用到实践中，落实到职业道德行为中，以正确的职业道德观念指导自己的实践。理论紧密联系实际，言行一致，知行统一。如职业学校实行的工学交替、工学结合的教学模式，就体现了学做结合，知行统一。

【名人名言】读书是学习，使用也是学习，而且是更重要的学习。

——毛泽东

四、在自我修养中提高

何谓修养？“修”是指陶冶、锻炼、学习和提高；“养”是指培育、滋养和熏陶。“提高”意为使水平、质量等方面比原来高。

自我修养是指个人在日常的学习、生活和各种实践中，按照职业道德的基本原则和规范，在职业道德品质方面的“自我锻炼”、“自我改造”和“自我提高”。自我修养是提高职业道德水平必不可少的手段，是形成人们职业道德品质的内因。自我修养的关键在于“自我努力”。其目的在于，通过自我对职业活动的认识和实践，培养高尚的职业道德品质，把职业道德的基本原则与规范，自觉地转化为个人内心的要求和坚定的信念，逐步形成良好的职业行为习惯，成为具有高尚职业道德的人。

无数事实证明，凡是道德品质高尚的人，都是自觉进行道德修养的人。自我修养应注重以下几个方面内容：

（一）体验生活，经常进行“内省”

“内省”即内心省察检讨，使自己的言行规范于道德标准的要求。体验生活，经常进行“内省”，就是要通过职业实践，来认识职业，了解职业生活对从业者职业道德的要求，找出自己职业活动中的行为与职业道德规范的差距，进行省察检讨，使自己的行为符合职业道德规范。古人说的“吾日三省吾身”就是这个意思。

“内省”，一要严于解剖自己，善于认识自己，客观地看待自己，勇于正视自己的缺点；二要敢于自我批评、自我检讨；三要有决心改正自己的缺点，扬长避短，在实践中不断完善自己的职业道德品质。

曾子曰：“吾日三省吾身——为人谋而不忠乎？与朋友交而不信乎？传不习乎？”译文：曾子说：“我每天多次反省自己——替人家谋虑是否不够尽心？和朋友交往是否不够诚信？传授的学业是否不曾复习？”

【名人名言】我的确时时解剖别人，然而更多的是无情地解剖自己。

——鲁迅

（二）学习榜样，努力做到“慎独”

“莫见乎隐，莫显乎微，故君子慎其独也。”“慎独”是指独自一个人在没有外界监督的情况下，也能自觉遵守道德规范，不做任何对国家、对社会、对他人不道德的事情。从最隐藏处最能看出一个人的品质，从最微小处最能显示一个人的灵魂。越是独自一人，没有监督时，越要小心谨慎，不做违反道德的事。“慎独”既是一种道德修养方法，又是一种崇高的道德境界。因为它标志着一个人的职业道德修养已达到高度自觉的程度。

见贤思齐

俄国作家高尔基出于写作的需要，曾十几年和酒鬼、赌徒打交道，但是他始终严守“慎独”两个字而一尘不染。我国东汉时期的杨震，在为官上任途中，他过去曾举荐的王密深夜拜见，以十金相送。杨震拒绝接受，王密则说“幕夜无知者”，坚持要杨震收下。可杨震却对他说：“天知，地知，我知，子知，何谓无知?”终于使王密羞愧地走了。能做到“慎独”的人，是最高尚的人。但是，做到“慎独”是不容易的。关键在于自觉、自愿、不为利益所动。电视剧《士兵突击》中的许三多之所以受到人们追捧，就在于他把“不抛弃，不放弃”的钢七连精神以及钢七连的日常规范内化于心灵深处，成为一种坚定的信念，同时，外化于自觉的行动之中，有没有人监督，都一个样。以至于当七连解散时，还在按照七连的日常规范行事，绝不走样。这确实值得我们学习和思考。

感动中国年度人物，木里县马班邮路乡邮员王顺友，20 年步行 26 万公里，没延误一个班期，没丢失一封邮件，投递准确率 100%。这些奇迹般的工作成绩诠释着他高尚的职业道德修养。全国道德模范方永刚热爱本职工作，在军校教员岗位上踏实履行自己的职责，把业余时间全部用在研究党的创新理论上，通宵达旦地学习备课，撰写著作，出版了 16 部政治理论专著，完成 10 项科研项目，发表论文 100 多篇。方永刚真学、真信、真情宣传、真诚实践党的创新理论，用生命的激情诠释着一名军校教育工作者的奉献精神和高尚的师德师风。

在市场经济条件下，我们要以先进人物的事迹，激励和鞭策自己，加强道德修养，见贤思齐，自觉做到“慎独”，努力提高职业道德素质。

五、在职业活动中强化

职业活动是检验一个人职业道德品质高低的试金石。在职业活动的实践中，应强化职业道德基础知识的运用，强化职业道德行为的规范，强化职业道德基本规范的掌握与遵守，尤其要强化行业职业道德规范的掌握与遵守。

在职业活动中强化职业道德行为要做到以下几个方面：

（一）将职业道德知识内化为信念

“内化”是指把学到的职业道德知识、规范变成个人内心坚定的职业道德信念，即对职业道德理想与职业道德原则和对自己履行的职业责任与义务的真诚信奉。它是职业道德知识、情感和意志的结晶，也是人们职业道德行为的强大动力和精神支柱。只有将学到的职业道德知识内化为职业道德信念，才会在修养上产生质的飞跃，就会使人产生坚定性和持久性。

【名人名言】虽然一个工人左右企业的能量不大，但如果每个人都在岗位上努力工作，奋发图强，那就能推动企业摆脱困境，走向兴旺。

——王涛

（二）将职业道德信念外化为行为

“不要总是在梦想高尚的事情，而要去做高尚的事情。”“外化”是指把内心形成的职业道德情感、意志和信念变成个人自觉的职业道德行为，指导自己的职业活动实践。在职业活动实践中，始终不渝地遵守职业道德规范，履行自己的职业责任和义务，做一个言行一致、表里如一的有职业道德的人。

见贤思齐

著名的湖南导游文花枝，带领旅游团前往延安参观的路上，旅游车与一辆载重40吨的加长大卡车相撞。在生死紧急关头，她把最佳抢救时间留给了她的游客。当救援人员到来，准备抢救流血不止的文花枝时，她吃力地说："我是导游，我没事，请先救游客。"她为了首先救助游客几次拒绝救援。然而，当她在抢救后醒来，发现自己已失去一条腿时，她微笑着，沉默着。记者来到她身边询问她的感想时，她说："我是一名普通的导游，做了自己该做的事。"一位23岁正值青春年华的姑娘失去了自己的一条腿，换作是平常人，一定会痛不欲生，可是她仍然保持着以往如花的笑容，这是多么崇高的品质。

职业道德行为养成对人的职业生涯至关重要。在学习生活中，要注重行为规范训练，养成良好的行为习惯，要加强职业道德修养，提高职业道德素质；要坚持参加各种实践，在实践中培养良好的职业道德行为，形成高尚的职业道德。

反观自我

职业道德是我们职业生活中不可缺少的一面，虽然我们现在还没有正式开始职业生活，但是道德的修养方式是相通的，我们可以从现在做起，培养自己自我修养的习惯。学习这一课，我决心从现在开始：

____

____

____

课外延伸：行业职业道德规范

每一个行业，都各有各的道德。——恩格斯

读故事

你有职业道德感吗？——子雁

有一位姓陈的牙医回忆说，有一天，他在出诊时遇到一位男病人，他是他第一次真正看到“珐琅质剥落”（一种严重的牙病）的病人。所以，他立刻跟其他医生说：“你们看，这就是珐琅质剥落的牙齿！这种病例真是百年难得一见，赶快去拿照相机来拍照，要存档！”

当时，每位牙医都很高兴，有的也拿出医学课本来比对：“哦，遗传性珐琅质剥落就是这样子?”

就这样，牙医都好奇地围拢了过来，要求患者张开嘴，仔细地端详、研究一下；而没来当班的牙医后来听说“错失良机”，都捶胸顿足、沮丧不已。

当然，对这位特殊的患者，陈医师还是很耐心地帮他装好假牙，替他做完了治疗。

半年后，陈医师又遇到一个女孩来看牙齿，她竟然也是“珐琅质剥落”病人，一问之下，才知道是上次那名男患者的亲妹妹。

这次大家又新奇起来，陈医师又把全部的牙医召集过来“观摩”一番，也当众说道：“这真是难得的临床经验啊，你们要仔细看清楚，这种病例可是‘百年难得一见’！”

女患者躺在就诊的椅子上，只见牙医一个个走过来，要她张开嘴巴“啊——啊——”然后仔细察看每颗都是“黑黑小小、形状难看的牙齿”；有些人看完之后，还转头掩嘴、窃笑地对其他牙医说：“好了，换你看……真奇怪！”

当天，陈医师帮这位女孩治疗后，看到她缓缓起身，眼眶闪着泪光，静静地离开诊疗室。

“后来”，陈医师内疚、遗憾地对我说，“她再也没有来诊所装假牙了！”

中国台湾屏东基督教医院有一位挪威籍的傅德兰医师，曾经获得“医疗奉献奖”。有一次，傅德兰医生在诊治一名脚部溃烂的患者时，当纱布一打开，腐臭味迫使护士捂着嘴跑到诊疗室外呕吐，但傅德兰医生却眉头未皱一下，反而抬起病人的脚，放在鼻子前仔细地端详，研究其病情。

事后，傅德兰医生提醒护士：“不可以对病人失礼，这样会伤害到病人的自尊……”

俗话说“医者父母心”，假如我们是病人的父母，我们会嘲笑孩子的牙齿“小小的、黑黑的”吗？我们会觉得孩子的脚“臭得受不了”吗？

有时候，我们对别人的缺陷（如太胖、太瘦、太矮、秃头、其貌不扬……）会忍不住地想笑；却没想到，那可能是他“心中最大的痛”啊！

在职场上，你或许也会遇到这种情况，但每个人的身上都散发着一个无形的讯息，那就是——“请你多尊重我一下好吗？”牙齿长得丑、长得怪，心情已经够难过了，为什么还要被嘲笑？

我们每个人都期待被看重、被尊重，也期待“自我尊严感获得满足”；所以，多在态度上、言语上尊重对方，才不会让他人的自尊受到伤害。

人在职场，都想求胜，可什么样的人最终胜出呢？是那些富有道德感的人。因为他们明白，尊重对方是做人的原则，也是把工作做好的关键。无论从事什么职业，职业道德感对人是很重要的，有没有职业道德感不仅关系到你的工作，也关系到你的人际交往，关系到你的生活。有时，一句不经意的玩笑、一句轻佻戏谑的话语，或是嘲笑的态度和口吻，都会伤害到别人的自尊心！所以在工作中，请多些善意吧，一句真心关怀别人的话，可以让沮丧、挫败的人，有生活下去的勇气；一句轻浮、嘲笑的话，都会让别人自尊受伤、心生痛苦。

第一节　行业对职业道德规范的要求

在实际工作中，基本职业道德规范是各行各业从业人员共同遵守的道德规范，是对从业者的总体要求。但由于社会分工的不同，人们从事着不同的职业，若干个相近的职业就自然而然地形成了行业。俗话说：国有国法、行有行规。由于各行各业的工作性质、服务对象、服务手段和社会责任不同，各行业的活动又有自己的特点，决定了有和本行业特征相适的行业职业道德规范。它是本行业从业人员必须遵守的行为规范，是职业道德基本规范在这一行业的具体化。

基本职业道德规范和行业道德规范是共性与个性、一般与特殊的关系。行业职业道德规范是在结合本行业的特点后，把职业道德的基本规范变成了具有可操作性的具体行为，使从业者感到亲切、真实，有助于其对职业道德基本规范的理解，并在职业活动中积极实践，以此为依据规范自己的职业行为。

行业职业道德规范具有以下四个特征：

（1）行业职业道德规范与一定职业对社会承担的特殊责任相联系。如教育者要强调教书育人、为人师表，具有文化底蕴和时代精神；医生则强调救死扶伤，实行人道主义；商人要诚信无欺、文明服务等。

（2）行业职业道德规范是多年积淀的产物。有些职业长期存在于人类社会中，从业人员形成了比较稳定的职业心理、职业道德行为习惯和职业道德评价标准，成为世代相传的职业传统。

（3）行业职业道德规范体现了同一行业内各种职业道德的共同特征，是抽象与具体的结合，共性与个性的统一。每一个行业中有多种职业，每一种职业往往又有各自特定的道德要求，而且更具体，更便于操作。

（4）行业职业道德规范与从业人员的利益一致，具有关联性。行业发展与从业人员的根本利益密切相关，行业职业道德规范将该行业对社会承担的责任规定出来，成为本行业人员的具体操作规范，保证了该行业的兴旺发达。所以，行业职业道德规范是把行业和从业人员的利益联系在一起的桥梁。

学以致用

学习了这一课，你能说出职业道德基本规范与行业职业道德规范的关系吗？

第二节　生产行业职业道德

生产行业包括物质产品生产行业和精神产品生产行业。两大生产行业是为满足人们不同的需要而进行生产的，它们为社会提供的产品也有很大差别，因而，它们所遵循的职业道德规范也各有其特点。

一、物质生产行业的职业道德

物质生产是社会物质财富的直接来源，是人类赖以生存和发展的基础。物质生产行业主要包括工业、农业和建筑业三大具体行业。物质生产行业活动的结果是为社会提供物质产品。产品是联系企业和客户的纽带和桥梁，产品的质量是企业的生命线。保证质量、信誉至上就是物质产品生产行业的基本职业道德规范和要求。

（一）工业企业职业道德

所谓工业，就是采掘自然物质和对各种原材料进行加工、再加工的物质生产行业。工业所包含的行业非常繁多，它们直接涉及国计民生的许多重要方面，不仅关系到国民经济的宏观发展，而且与人民群众的日常生活密切相关。因此，工业职业道德就显得尤其重要。

《全国职工守则》对工业生产者的基本职业道德要求做了扼要概括：热爱集体，廉洁奉公，勤俭节约；热爱本职，学赶先进，提高质量，讲究效率；努力学习，提高政治、文化、科学和业务水平；遵纪守法，严格执行规章制度，关心同志，尊师爱徒。下面结合目前劳动者现状，从四个方面阐述社会对工业生产者的职业道德要求。

1. 质量第一，用户至上

在我国，企业生产的目的是为了最大限度地满足人民群众日益增长的物质和文化生活需要，基于这个道理，“用户至上”，为用户提供满意的产品和优质的服务，便成了企业生产者必须遵守的一条职业道德规范。一位美国著名企业家在总结其经营之道时说：“现代商战的胜利不在于你占据了多少个商场，而在于你占据了多少个消费者的心，占据了消费者的心，你就拥有了一切。”而要占据消费者的心，企业当然要为其提供优质、价廉物美的产品。

在市场经济体制下，提高产品质量更成为企业的头等大事。一个品种总有几个厂家生产，质量的高低优劣成为产品进入市场的通行证。企业只有占有质量优势，才能使自己的产品转化为商品；使自己的服务成为有效的投入，从而在市场上赢得竞争力。

“质量第一，用户至上”要求生产者必须严格遵守各项规章制度和操作工艺，不断地追求卓越，永远把质量放在首位。

2. 刻苦钻研技术，提高生产技能

工人是企业的主体，具有丰富生产实践经验和劳动技能的工人是工业生产中起主要作用的因素。工人生产技能的高低直接影响着产品的质量和劳动生产率的提高。现代科学技术成果在生产上的大量应用，先进设备和现代化管理思想、管理方法的广泛采用，都要求建设一支有技术专长的职工队伍。工人只有刻苦钻研技术，提高劳动技能才能适应现代社会生产建设的需要。

3. 遵守劳动纪律，听从生产指挥

劳动纪律是为了生产过程的顺利进行而设定的，它是科学理论和实际操作经验的总结，它经过无数正反两方面的事实证明是合理有效的，是保障正常生产秩序的条件。现代化大生产具有高度的集中性和统一性，严格遵守规定的劳动纪律，服从统一的生产指挥和调配，是协调整个生产的必要条件。每一个劳动者都应努力培养高度的组织性和纪律性，在工作时间内，把全部的精力用于生产和工作。

4. 勤俭节约，艰苦创业

勤俭节约，艰苦创业是我国工人阶级的传统美德。在建设社会主义物质文明的过程中，发扬勤俭节约，艰苦创业的优良传统，合理使用人力、物力、财力；努力节约原材料，降低成本；开源节流，努力为社会创造更多的物质财富，是对每一个职工的道德要求。

（二）三资企业对生产者职业道德的特殊要求

随着改革开放的深入发展，三资企业无论从数量还是规模都在迅速增长，已经成为我国工业的一个重要的组成部分。在三资企业就业的人数也在增加。由于三资企业在所有制、体制和管理上的不同，文化传统不同，对生产者的职业道德有着自身的特殊要求。

1. 服从上司

在三资企业，上司具有绝对权威，各员工都应坚决服从上司的工作安排和调配，不得无故拒绝或终止工作。

2. 尽职尽责

对本职工作要脚踏实地、一丝不苟、精益求精，追求高质量、高效益。

3. 团队协作

要有团队精神，襟怀坦荡，包容他人，积极支持和配合工作。无私帮助他人，在互助中共同进步。

4. 进取创新

不断学习有益于公司发展的科学知识，拓宽与深化本职业务技能，丰富工作适应性。结合公司实际，追求技术与管理的不断进步。

5. 自律自爱

上班时间不从事与工作无关的个人活动。不利用工作机会和便利谋求私利，不损公利己。保守公司的技术秘密和商业秘密。

（三）建筑行业职业道德

建筑行业是国民经济中从事建筑安装工程施工的物质生产部门，它为国民经济各部门创造固定资产，为整个社会提供生产和生活环境。建筑工人是我国基本建设战线的主力军，承担着各个建筑工程项目，包括工业建筑、民用建筑、各种市政建筑工程任务。因此，加强建筑工人的职业道德建设，提高建筑工人的职业道德修养，是很有意义的。

建筑工人的职业道德规范有以下三个主要方面。

1. 质量第一

质量是工程的生命。“百年大计，质量第一”，如果建筑质量不合格，不仅失去使用价值，有时还会出事故，使国家和人民生命财产蒙受损失。所以，无论什么工程，首先必须坚持质量第一的原则。

保证工程质量，要求现场施工人员必须遵守工程规则。工程规则包括工程的各种质量要求和施工程序规定。每个工种，每道工序，每个环节都要精心操作。在施工中，必须反对偷工减料或片面追求数量与速度而忽视或降低工程质量的行为。

2. 文明施工

文明施工是对建筑工人的最基本的道德要求。对施工过程中凡能危及人身安全的环节都要采取防护措施，工地要放路标，以警示行人。在居民区施工，尽量减少噪声，尤其是要遵守政府规定，不要通宵施工，影响居民睡眠。

3. 通力协作

一个工程从设计施工到交付使用，需要设计、施工、管理各方面通力合作才能完成。施工人员要严格按设计方案要求施工，高质量地完成任务。在施工过程中，施工人员不得提出额外要求，对使用单位提出的合理要求，要尽量采纳。工程发现质量问题，要及时解决，不能互相推诿，不负责任。

（四）农业职业道德

农业，就是人们利用动植物自身生长机能，采用人工培育和饲养的方法以取得社会产品的物质生产部门。广义农业包括农、林、牧、副、渔五业在内，亦称“大农业”。狭义农业单指农作物的种植业。这里，我们是在广义上使用农业这个概念的。

我国历来以农业大国著称于世，农业从来就是我国国民经济的基础，农业是人类的衣食之源，生存之本。农业是国民经济其他产业部门独立的前提和发展的基础。农业对国计民生关系极大，在整个现代化建设中发挥着极其重要的作用。农业职业道德主要包括以下五个方面：

1. 珍惜土地

土地是全国人民的衣食之源，更是广大农业生产者的主要物质手段和赖以生存的基础。我国人均可耕地面积本来就大大低于世界平均水平，而由于人口增长和建设事业的发展，人均土地在急剧减少；农药、化肥的不科学使用，使地力在减弱。长此下去，后果不堪设想。因此，珍惜土地，保护地力，已成为当前农村建设的一个不可回避的问题。因此，我们必须努力做到惜土如金，保护承包耕地的地力，不搞掠夺式经营。

2. 劳动致富

在通往富裕的道路上，是劳动致富还是靠歪门邪道致富，则是新时期农民一个重要的职业道德问题。所谓劳动致富，包含两层含义：一是要敢于致富，善于致富；二是一定要劳动致富，不搞歪门邪道致富。

3. 勤俭节约

吃苦耐劳、克勤克俭是中国农民的传统美德。随着农村经济的好转，农民的生活也有明显的改善，生活富裕了，但仍然要艰苦朴素，勤俭持家，注意节约。

4. 共同富裕

患难相助、扶困济贫历来是农民的一种美德。在社会主义条件下，新型农民更应该发扬团结友爱的精神，主动帮助贫困农户，走共同富裕的道路。

5. 科学种养

科技是农村现代经济发展的动力和源泉。因此，农业劳动者只有努力学习科学技术知识，才能科学种养，发展立体农业，进行集约经营，取得好的经济效益，使科学技术成为致富的法宝。

二、文化艺术行业的职业道德

文化艺术行业包括理论、教育、文学、艺术、新闻、出版等。文化艺术生产是指人类通过自己的脑力劳动和体力劳动创造精神文化产品的活动。精神文化产品包括在哲学、自然科学、社会科学、工程技术和文化艺术等领域中的报道、文章、作品、表演、教学、讲演。这些精神文化产品构成了国家的精神文化财富。

文化艺术行业是社会主义的重要组成部分，它是培育有理想、有道德、有文化、有纪律的社会主义公民，提高整个中华民族的思想道德素质和科学文化素质，建设社会主义精神文明的重要阵地。从事文化艺术产品生产的工作者应当高举马克思主义、社会主义的旗帜，"以科学的理论武装人，以正确的舆论引导人，以高尚的精神塑造人，以优秀的作品鼓舞人"。加强这些行业的职业道德建设，对于完成社会主义精神文明建设的任务有着重要的意义。

（一）教育工作者的职业道德

教育是培养人、塑造人的事业。教育工作者在教育过程中的作用是非常重要的。他们所培养的人才的质量，影响着全民族的科学文化素质的提高。教师的这种特殊作用，决定了教师必须具有为人师表的道德风范，必须实践社会对教师提出的职业道德规范。

1. 热爱祖国，献身教育

热爱祖国，忠于教育事业，是教师职业道德的核心。它要求教师要把教育事业与祖国的前途和命运紧密地联系在一起，热爱教育，甘当人梯，像春蚕一样，为培养好下一代献出自己的毕生精力。像红烛一样，不为名，不为利，平平凡凡，无私奉献。

2. 治学严谨，刻苦钻研

教师是教学过程的组织者、知识的传授者，教师必须以对祖国、对人民、对学生负责的严谨的教学态度，进行教学活动的创新和探索。随着电子工业与信息技术的飞跃发展，电子计算机进入了学校教学过程使教育活动中的知识传递与接受有了新的突破，对传统的教育思想、教学活动和教师现有的知识结构提出了严峻的挑战。每一位热爱教育，热心于为教育事业做出无私奉献的教师，都应该刻苦学习，钻研业务，保持合理的知识结构，掌握真才实学，以适应当代科学技术的发展趋势。

3. 教书育人，为人师表

自古以来，教书育人始终是教育的核心内容，是教师的职责。孔子主张"博学于文"、"约之于礼"，就是要在教学中以他所创立的儒家的思想政治观点和道德规范教育学生。唐代的韩愈提出教师的任务是“传道、授业、解惑”，主张教师在“授业”的同时，还要传封建统治阶级之“道”。这些主张虽然其出发点和依据不同，道德教育内容性不同，但主张在教学过程既传授知识又进行思想政治教育这一点是共同的。教书和育人相互渗透、相辅相成。在教学中，教师所传授的知识，对于形成科学的世界观和人生观具有重要作用。“读史使人明智，读诗使人灵秀，数学使人周密，科学使人深刻，伦理使人庄重，逻辑修辞之学使人善辩。”传授知识与影响思想，是不以人的意志为转移的客观规律。这就要求教师在教学过程中自觉地发掘科学知识的思想因素，充分发挥其教育作用。在我国现代化建设的新形势下，教师应从培养目标出发，寓德育于智育之中，将科学性与思想性结合起来，既教书又育人，培养出德、智、体、美、劳全面发展的合格人才。

4. 诲人不倦，授业无私

苏霍姆林斯基曾说：“学习好比一种精致的乐器，它奏出一种人的和谐的旋律，使之影响每一个学生的心灵——但要奏出这样的旋律，必把乐器的音调准，而这种乐器是靠教师、教育者的人格来调音的。由此就提出最重要的一点：学生是怎样来看教师的，他们在教师身上看见和发现了什么，每一个教育者和整个教师集体在学生面前表现了人的品质的哪个方面能够迫使每个学生去检视自己，思考自己的行为和管住自己的那种力量，首先就是教育者的人格，他的思想信念，他的精神生活的丰富性，他的道德面貌的完整性。”这就是说，学生在学校学习，他们最关注的是教师的言行。教师的言论行为、为人处世的态度都被学生视为榜样，被学生所模仿；教师的求知精神、行为作风、处世方法以及气质、性格、习惯等都对学生起着熏陶和感召作用；教师的思想品德对学生的成长有着重要的示范作用。因此，教师在用自己的学识教人的同时，更应注重用自己的人格教人，使自己的一言一行，从道德品质到每一个生活细节，都成为学生的表率，对学生的思想品德的形成良好的影响和教育作用，像老教育家叶圣陶先生所说的那样，把为人师表看成是教育工作者的全部工作。

见贤思齐

人生的价值在奉献中闪光——查文红先进事迹

如果不是因为下岗，查文红也许现在还是上海某百货商店的营业员；如果下岗后，不是因为那细心的街道干部发现她身体较弱，她也许现在正走街串巷做着热心的居委干部；如果不是因为她长期资助的贫困儿童马小峰、马小云兄妹不忍再接受双双下岗的查文红夫妇的汇款，决定辍学，查文红是不会到安徽砀山去的……可是，这个把一闲下来就看作浪费生命的查文红偏偏下岗了；这个一直把工作当成最美好享受的查文红偏偏将要在家里闲上几十年；安徽砀山曹庄镇魏庙小学的500多双渴求知识的眼睛偏偏又让她看见了、心颤了。于是查文红离开了丈夫和女儿，在安徽义务执教三年多，她的人生价值又在奉献中闪烁着耀眼的光芒，砀山贫瘠的黄土地上，无时不展现着一个共产党员无私奉献、感天动地的一幕幕。

这里就让我们回放魏庙小学连续几年新学期开学第一天的镜头，让我们随着查文红的心路历程，来走近一个不平凡的女性。

1998年9月，安徽砀山曹庄镇魏庙小学开学的第一天。刚鼓完掌的老乡们便开始了互相打探。“这个人大上海不待，一分钱不要，脑子有毛病吧?”查文红眼睁睁看着农民把自家的孩子连同课桌椅，从她的教室里拖走。魏庙小学一（1）班47个学生，5个是留级的，3个连名字也写不全，语文统考平均16分。查文红尽管每天忙到深夜，但第一次测验，班里47个孩子有37个不及格，查文红心里很着急，悄悄趴在桌上哭了。有人劝她打道回府吧，查文红说：“这不是我的性格。”孩子们听不懂她上课说的普通话，她就捧着饭碗和当地的老乡交谈，学了很多方言，她用方言和普通话交替着上课，还在备课上狠下功夫，学生慢慢能听懂普通话了，逐步发展到完全用普通话上课。她把学习好的学生和学习差的学生结成对子，又利用每天下课吃饭的时间，给学生补课，功夫不负有心人，通过一个学期的努力，期终考试时，查文红教的班级语文成绩平均分达到91.87分，名列全县20所小学的第一。当地的老百姓轰动起来了，不少学生家长买了鞭炮，跑到查文红的宿舍门前燃放了起来。

查文红捧着一颗心来，乡亲们掏出心来待她。头一年放寒假，校长完全出于好意，怕到春节挤不上火车，安排查老师提前一个星期离校回上海。不料事情传歪了，当天下午几十个学生领着家长、村长、村支书冲进校长室："这么好的老师要撵走？那好，俺魏庙也容不了你这个校长！"误会很快消除，可孩子们难割难舍。春节前，查文红措辞谨慎地问孩子："老师回上海过年行不行？"全班齐声回答："不行！"一个叫丁丽的孩子，突然站起来："妈妈，你可以亲亲我吗？"查文红为之一愣，接着她弯下腰。这下不得了，全班孩子排成队，都要和老师吻别。47个孩子47个吻，"老师，你走了还会回来吗？""我没有妈妈，你就是我的妈妈。""老师，你不要走好吗？"师生的情谊洋溢了整整一节课。

临走时，查文红和孩子们还是哭了，全校500多个学生啊，哭声震天！

请看1999年9月魏庙小学新学期开学的第一天。天还没有放亮，农民们拖儿带女黑压压挤在查文红教室的门前。爹娘们说什么也要把自家的孩子插到查老师的班级里来。行不？不答应就下跪。

查文红的生活非常艰苦，她近10年没有买过时装，没进过理发店，头发长了拿剪刀剪，扎个马尾辫，用带子一捆，但近10年来，她为希望工程捐款已记不清有多少。在安徽的日子，她的个人消费每月不到80元，她把大部分钱和物都送给了需要的学生。她的屋子，睡在床上能看见星星，不是从窗户，而是从屋顶。可她，把改善生活条件的心思全部用在孩子们身上，当她看到冬天教室没有窗子，西北风伴着雪花吹向孩子们的时候，她为孩子们呼吁、奔走，上海的扶贫物资一车车地运向这里。当教室里一根房梁掉下，砸伤了两个孩子的时候，查文红心痛得泪流满面，从此，她教学之余，又为孩子能有一个像样的学校而筹款奔走。

为了省下钱帮助学生，查文红吃的和当地农民一样——咸菜窝窝头，有一次因发高烧上课晕倒在课堂上。47 个学生齐刷刷地围在老师身边，可查文红醒来对校长说的第一句话是作业本还没有发完。那天，学生蒋圣楠的母亲送来一块豆腐，那是他们家能拿出的最高档的礼物；孩子们送来一个鸡蛋、一个鸭蛋，这是他们家最滋补的营养品；孩子们从父母那儿要来 1 角钱、2 角钱，他们集在一起到小镇上买来 5 毛钱一包的方便面，2 毛钱一包的瓜子，4 毛钱一串的糖葫芦，这是他们心目中最好吃的食品。查老师生病的消息像风一样传开，乡亲们成群结队来看她，送来了白菜、辣椒，小屋挤得水泄不通。

2000 年 9 月，魏庙小学又一个新学期开学的第一天，上海一位民工子弟小学校长千里迢迢赶到魏庙，想高薪聘请查老师回沪执教，查文红再三婉拒。消息迅速传开，几分钟内，镇领导来了，校领导来了，老乡们来了，上百个学生来了，他们把那个校长堵在屋里。

所有的人，哭开了。

因为朴实憨厚的魏庙农民觉得欠查老师的实在太多太多了。查老师的女儿说，妈妈答应，代一个学期的课就回来，一晃已经几年，在女儿眼中查文红成了说话不算话的妈妈；妈妈说，女儿结婚那天肯定回来，可是等啊等，等到的只是妈妈从安徽打来的祝贺电话；妈妈又说："你生孩子时，我一定回来陪你。"女儿怀孕了，分娩时母婴生命危险，但这时魏庙小学正举行捐建新校舍大会，查文红又没回来；为了保孩子，女儿无麻醉剖腹产，那个疼啊，多想能握着妈妈的手，可查文红还是没能回来……

上海有位不肯说出姓名的女士，约查老师到马路上去接受 2 万元的捐款，过了吃饭时间，查文红和丈夫走进一家小面馆，肉丝面 4 块 5 毛，菜汤面 2 块 7 毛，丈夫心疼她，坚持要买碗肉丝面给她吃，结果两口子“吵”了起来，最后，夫妻俩人连菜汤面也没舍得吃，揣着2万元的捐款，丈夫跟着她徒步走了4站路到家。2万元在胸口揣得滚烫滚烫，一分不少地交给了魏庙小学。

2001年9月，又是魏庙小学开学的第一天。查文红应邀进京出席教师节表彰大会，她成为了中国唯一的一位不在学校编制、没有教师职称、不领分文报酬的“全国师德先进个人”。

当查文红第一次以老师的身份走进魏庙学生中间时，她感到的不仅是这里经济上的贫困，还感受到孩子们精神上的贫乏，这里没有红领巾，没有少先队组织，“你们长大后准备干什么？”查老师问孩子们。“我长大后给家里造两间新房子，买牛。”“那以后呢？”“以后娶个媳妇，生两个娃。”“再以后呢？”“再以后我让我的娃再造房子，再买牛。”查文红震惊了，难道这就是孩子们对人生的感悟和认识？难道这就是祖国未来栋梁的理想？他们什么时候能走出老牛、农舍？她告诉学生，十年、二十年以后，我们的祖国将发生翻天覆地的变化。她在黑板上写下了“自强、高尚”四个字，她以一个共产党员的身份要告诉孩子们什么是真正的理想，一定要让孩子心中有挺拔的信仰！她利用放寒假回上海的机会，借来少先队知识的书籍，还购买了队旗和红领巾，回到学校，她办的第一件事就是建立少先队，并亲自担任了大队辅导员。她教孩子们学会了说“谢谢”、“对不起”等文明用语。魏庙的老乡说，自己看过的最干净的手、最干净的脸就出自查老师的学生，查老师给孩子们买了脸盆、毛巾，教会了孩子们洗脸、洗手、洗脚。查老师觉得知识是神圣的，知识是光明的，只有干干净净的手才能点燃人类文明之火，只有干干净净的心灵才能接受人世间最美好的知识。查老师觉得自己人微言轻，但她是一个共产党员，她要孩子们来圆萦绕她心头的一个文明梦、一个富强梦、一个欣欣向荣的梦、一个与时俱进的梦，她要让孩子来实现她一个党员的共产主义信念！

人们都由衷地感叹：“查老师不仅是块金子，更是一面镜子！”

一位年届花甲的老人曾写信给查文红，这位做过小学副校长的老人，数学教得好，却曾为钱财坐了牢，读到查老师的事迹，止不住老泪纵横，他向查老师“主动请缨”，希望能去魏庙“再做一回老师”，不图钱，不图名，“只想补上人生这一段……”

每个人的一生都会有不同的一段又一段，有的精彩，有的平凡，有的甚至灰暗，人过中年的查文红之所以在下岗的逆境中创造出了成功的辉煌，是因为她牢记了一个共产党员“为人民服务”的宗旨，在无私的奉献中找到了自己的人生价值。她说：“我只是一个平常的人，做了一个党员应该做的事。”她感到，无论何时何地，党组织始终是她的坚强后盾，她看到，无论千难万难，她的前面始终飘扬着一面火红的党旗！

（二）文艺工作者的职业道德

文艺主要是指文学、戏剧、影视、美术、音乐、雕塑、舞蹈等创作或表演。18 世纪德国戏剧家莱辛说过：“剧院应当成为道德世界的学校。”文艺工作者作为这个“道德世界的学校”的“人类灵魂的工程师”，应该遵守具有自己行业特点的职业道德规则。

（1）坚持为人民服务，为社会主义服务的方向。文艺是利用心理感染和暗示的机制，以典范形象给人们提供认识世界、把握人生的窗口，进而对人生的政治方向、道德观念、思维方式、生活方式等产生广泛和深刻的影响。因此文艺工作者应该以高度的社会责任感对待每一次文学创作、每一场文艺表演，尽可能把思想性和艺术性完美地统一起来，力求把最好的精神食粮贡献给人们。

（2）增强社会责任感，坚持社会效益优先。随着社会主义市场经济的发展，文艺产品的生产流通同市场的联系越发紧密，确实也有经济效益的问题。我们应该看到，文艺产品具有不同于物质产品的属性，它的价值实现形式更重要地表现在社会效益上。有些文艺产品，直接经济收益可能不太高，但推动社会生产力的发展和社会进行的作用很大。我们的文艺工作者应该把社会效益放在首位，在这个基本前提下实现经济效益和社会效益的统一。当文艺作品的经济效益同社会效益发生矛盾时，自觉服从社会效益。人民音乐家聂耳、冼星海创作的《义勇军进行曲》、《黄河大合唱》等优秀音乐作品激励千千万万的革命青年和爱国志士奔赴抗日救亡的前线，它们至今还激励着人们为国家的强盛和民族的振兴而努力奋斗。增强社会责任感、追求良好的社会效益是文艺工作者必须承担的责任和义务，也是检验文学工作者艺术修养和道德修养的重要标准。

（三）新闻工作者的职业道德

新闻工作是指报纸、杂志、电视台、电台四大公众传媒机关的采访、报道工作。

新闻工作的职业要求主要有以下两点：

（1）坚持正确的舆论导向。新闻工作者要增强政治意识、大局意识、责任意识，坚持正确的舆论导向。在新闻报道中，要弘扬爱国主义、集体主义、社会主义主旋律，要坚持团结、稳定、鼓劲、正面宣传的方针，积极创造有利于发展生产力的舆论、有利于社会政治稳定的舆论。

（2）维护新闻的真实性。真实是新闻的生命。新闻工作者要坚持发扬实事求是的作风，深入基层，加强调查研究、讲实话；力求全面地看问题，努力做到从总体上、本质上把握事物的真实性；采写和发表新闻要客观公正；要避免报道失实。

此外，新闻工作者必须在宪法、法律的范围内活动，保证清正廉洁的作风。

见贤思齐

何润锋：一个新闻记者的道德情怀

2008 年 5 月 12 日 14 点 28 分，四川汶川大地震发生的当日，凤凰台第一时间进入直播状态，由于事发突然，缺少当地第一手的资讯，正在准备《总编辑时间》节目的何润锋，马上请缨上阵，紧接着他提着简单的行装立即奔赴四川。经过一夜辗转，5月13日凌晨，何润锋以最快的速度抵达都江堰。在大雨滂沱、余震不断、泥石流不停的险境中，当他站在最危险的塌陷路面上连线报道汶川震区的最新状况时，采编部的编辑们都为他捏了一把汗。

当时，位于震中的映秀镇和外界失去联系，一直没有消息，里面的人出不来，外面的人进不去。这时，何润锋只带上一部卫星电话、一个本子、一支笔孤身上路，甚至连瓶水也没带。他先挤上灾民的拖拉机，再徒步两个多小时，当他走到一条大江边时，被挡住了去路，他一眼看到武警部队的冲锋艇，经过一番自我介绍和“死缠烂打”，部队指战员终于让他坐上了冲锋艇，向映秀镇挺进。他来不及梳理情感，就投入新闻报道中，第一时间报道了温家宝乘直升机抵达映秀镇的情况。当时在直播节目现场的编辑和主播，听到电话那头传来他疲惫但仍饱满的声音时，都不禁眼眶湿润了。

事后，何润锋略感遗憾地说，由于人手和设备有限，加上生活条件恶劣，很难说我们能做出怎样出色的新闻。但我们自信，我们的报道是有着坚实道德支撑的、最有诚意的报道。若要说这次报道对我有什么启发，我想，最重要的一点，就是深刻体会到了灾难报道对道德的要求。在客观条件极度恶劣的情况下，若仅仅带着打工者的心态而缺乏较高的道德素养，记者又怎会在第一时间冒着生命危险进入灾区？又怎能在近乎一无所有的条件下坚持到底？

“大事发生时，我在现场”，如果从新闻人的理想出发，何润锋无疑是幸运的。他从杭州西子湖畔出发，在中国人民大学完成了本科及研究生课程后，来到被誉为“东方之珠”的中国香港，在香港中文大学拿到第二个硕士学位。这时他面临两个抉择：继续修博士学位，或是栖身凤凰展翅飞。一静一动下，年轻人蓄势待发的活力使他选择了凤凰卫视。他说：我根本没有考虑金钱的因素，我只是非常非常想做一名记者。

在日后的工作中，何润锋把完美主义演绎得淋漓尽致。他一次又一次地踏上国际风云变幻、硝烟弥漫的新闻现场。2005年南亚大地震、2006 年以色列黎巴嫩的战火、以色列和巴勒斯坦的烽火硝烟、尼泊尔丛林毛派游击队、2007 年巴基斯坦红色清真寺骚乱、贝·布托遇刺……都留下了他的足迹。

犹记得，2006 年，以黎战火期间，他在炮火轰鸣的战场和凤凰直播节目现场连线，当一颗炮弹在他们身边爆炸时，何润锋一边紧紧抓住来不及穿上的防弹衣，一边和香港总部的新闻节目现场进行电话连线。事后，当班主编仍心有余悸。当他从战场回来后，主编碰见他，紧握着他的手，连叫：吓死了，这么危险的时刻，就不要连线了嘛，你要真有三长两短，我们怎么办？我们如何交代？他一笑：大难不死，必有后福。一句话风轻云淡，倒把主编给吓傻了：这小子，是不知天高低厚还是真不怕死？

无论是走进灾区，还是走进战区，每一次都充分检验着中国记者的道德素质。在专业主义盛行的今天，记者的采访工作日益成为流水作业的生产过程，按部就班的新闻制作框架掩盖了其他很多原则的必要性和重要性。而每一场灾难，都重新唤醒了新闻报道中的道德要求——这里的道德，绝不仅仅是简单的是非善恶的判断和专业操守的遵守，更包括广博而浓重的人文关怀，以及关怀背后的承担和勇气。何润锋展现的是一名记者的专业素质，更是新闻人的道德素养。

第三节　流通行业职业道德

流通行业是从事商品交换和流通活动的国民经济部门。它包括商业、贸易，以及生产过程在流通领域中的延续，如仓储、运输；为流通服务的邮电、通信、广告等流通行业是以产品做纽带为生产者和消费者服务的部门。因此，信誉至上、优质服务是这一行业最基本的道德要求。

一、商业工作的职业道德

（一）商业的概念

所谓商业，就是以货币为媒介进行商品交换的部门。商场、物资交易中心、批发市场等，都是这个部门的具体组成部分。

过去一提起商人，人们常称之为“奸商”。现在，由于商业活动是以盈利为目的的商品交易活动，受利益的驱使，商品交换中的确出现了一些假冒伪劣、欺诈瞒骗等不道德现象。1990 年诺贝尔经济学奖获得者，美国纽约州立大学教授马克维茨对中国记者说：“市场没有心脏和大脑，因而不能指望市场本身能够自觉地意识到它所带来的严重的社会不平等，更不能指望市场本身来纠正这种不平等。”商业的主体是人。商业道德主宰着人们的商业行为，商业活动只有在商业道德的统率、指导、支配下进行，才能健康有序、规范地发展。因此，德为商之魂。

（二）商业是专门从事商品买卖的行业

它在生产企业和广大消费者之间发挥着桥梁和纽带作用，具有服务群众的直接性、经营活动的开放性等特点。商业活动的这些特点要求商业工作者应该遵守如下职业道德规范。

1. 热情服务，文明待客

热情服务，文明待客，是商业工作者，特别是营业员、售货员和推销员等营销人员的道德规范的要求。服务态度如何，直接反映商业企业的职业道德水平。沃尔玛连锁公司的《顾客服务原则》中有这样两条：“第一条，顾客永远是对的；第二条，如有疑问，仍遵照第一条原则。”

热情服务、文明待客，要求商业工作者对顾客有高度热忱，主动、热情、周到、耐心地为顾客服务，尽力满足顾客的合理要求，解决顾客的困难。

2. 买卖公平，以义取利

买卖公平要求商品交换要明码标价，做到商品质量和价格公开；在买卖活动中，应该做到童叟无欺，对贫富贵贱一视同仁；在商品交换活动中不能缺斤少两、克扣顾客，这也是一条传统的商业道德。古巴比伦王国《汉谟拉比法典》中就有规定：凡是在秤上要花招的人，发现后要扔到河里去。可见，在古代人们对缺斤少两就深恶痛绝。

商业道德要求人们要树立正确的商业良心，在商品买卖活动中坚持以义为先，以义取利。古时孔夫子提倡“君子爱财，取之有道”、“见利思义，义然后取”。古时所倡导的商德核心就是正确处理好义与利的关系。

3. 诚实守信，维护商誉

俗话说：“人无信不立，店无信难开”，“诚招天下客，誉从信中来”。注重信誉，讲究信用，既是优良的商业传统，也是社会主义商业道德的起码要求。商业工作者只有诚实守信，维护商誉，才能吸引广大顾客，保持生意兴隆，从而提高商业经营的经济效益和社会效益。

首先，诚实守信要求货真价实，保证质量，质好量足，质价相称。一些不法商贩把一些既无厂名也无商标的劣质商品，经过改头换面，冠以“名牌”、“正宗”的旗号，投放市场，欺骗顾客，这不但是对商业形象的严重损害，更是违法行为。

其次，商品介绍、广告宣传要实事求是，不能言过其实，胡夸乱吹，滥用“第一”，欺骗顾客，误导消费者。

二、外贸工作的职业道德

外贸工作是国民经济的重要组成部分，是联合国内外经济往来的桥梁。它既有经济，又有外事；既面向国内，又面向国外；既同物打交道，又受外国文化影响。外贸工作者应遵循的职业道德规范，概括起来主要有以下几方面内容。

（一）忠于祖国

忠于祖国，是外贸工作者必备的政治原则，也是必须遵守的职业道德。外贸工作者的职业生活一般是在对外交往中度过的，因此，他们的工作言行在国外客商和客户看来，是表达了国家的意志和立场。正是这种特殊性，要求他们在履行自己的职责时应该做到以下几点：

维护祖国的尊严。第一，要改进服务态度，提高工作质量，在外商和客户面前树立良好形象。第二，当有些外商和客户为了从经济上得到更大好处，故意刁难，制造事端，甚至损害我国的经济利益时，要有理、有力、有节地与他们进行交涉。第三，当极少数外商和客户心怀叵测，借故挑衅、诽谤、污蔑、破坏我国商品或货币在国际上的声誉时，外贸工作人员应给予坚决斗争和有力回击。

不卑不亢。国家不分大小、强弱、贫富，一律平等礼待。

（二）把好窗口

外贸是国家对外经济活动的重要窗口。外贸工作者要“把好窗口”，必须做到：第一，要忠实履行自己的职责。严格把好进出口商品的质量和数量关，为维护祖国利益，分角必争。第二，在对外营业和洽谈贸易时，要充分准备、有条有理、全神贯注、避免损失。第三，在展开对外业务过程中必须严格履行各项既定的业务程序和手续。

（三）遵守外纪

遵守外纪，就是要求外贸工作者在职业岗位上自觉遵守、严格执行各项外事纪律，以维护国家信誉和人民利益。实践遵守外纪的职业道德规范，应做到：第一，要遵守国家机密，严格执行保密制度。第二，不准利用职权和工作关系营私牟利，也不准同外国关系户相互收受礼品。第三，在进行涉外工作时，必须严格执行请示汇报制度。

三、广告工作的职业道德

广告作为一种信息传递形式，是现代企业传播商品信息，刺激市场需求和消费的重要手段，是人们生活中不可缺少的向导。

早在中国古代，商贾就会利用显赫的门面、响亮的名号来招揽顾客。但是，商业广告真正形成和快速发展，还是从中共十一届三中全会以后开始。由于广告从业人员道德素质不一，出现弄虚作假、欺骗顾客、内容不健康等问题。因而加强广告从业人员道德建设已成为当务之急，是广告业健康发展的重要保证。

1. 诚实可信，真实无误

广告人员道德要求的核心是诚实可信，真实无误。它要求商品宣传中，在介绍商品性能、质量、有效期、用途、生产者、产地及售后服务等方面时，坚持实事求是，不弄虚作假，不欺骗群众，既不做虚假宣传，也不做误导性宣传。商品广告的真实性，是衡量商品宣传人员道德价值的重要标准，也是社会主义道德在商品宣传中最集中的体现。我国的《广告法》明确规定，广告的内容必须真实、健康、清晰、明白，不得以任何形式欺骗用户和消费者。

2. 熟悉法律，遵纪守法

所有的违法行为从道义上讲都是违背道德的，商品广告宣传必须遵纪守法，不得做违背《广告法》和其他相关法律法规的广告。

据国家工商部门发布的资料表明，目前商品宣传中的违法广告主要有八大类：一是虚假、夸大、误导；二是某些商品广告或服务广告使用“最高级”、“最佳”等绝对化词语；三是商品广告中对商品或服务实质内容表述含混，获奖及销售的资料不标明出处；四是贬低同类产品；五是有损害未成年人或妇女形象的表现；六是药品广告中大量使用医生、患者形象，然后对药品做功效绝对化的表述；七是食品、化妆品广告宣传疗效，使用一些医疗术语或容易与药品相混淆的用语；八是广告与新闻等其他信息相混淆。

在商品宣传中，从业人员还必须熟悉相关法律，如《食品卫生法》、《药品管理法》、《商标法》等，做到遵纪守法，以避免所发布的广告与法律发生冲突。

3. 坚持经济效益、社会效益相统一

商品宣传的目的是引起消费者的注意，激发消费者购买商品的欲望。广告从业人员不能只为赚钱，而使用一些不科学、不健康的手法。在商品宣传中要坚持思想性与趣味性的统一，社会效益与经济效益的统一，引导人们正确地消费，促进整个社会道德水平的提高。

4. 保证质量，按合同办事

商业广告人员承接了一项广告业务后，应树立质量意识，保证按照客户要求进行创意与设计，既要服从于一定的传播目的与要求，又必须体现真实性、思想性、艺术性，从广告设计的创意、广告文字内容的编排、广告构图以及广告的艺术表现等方面，处处为客户着想，准确领会客户意图、洞察消费心理，以较强的创造力及卓越的表达能力，让客户放心、满意。从洽谈业务到制作完成要按事先定下的有效的、完备的合同办事。

四、通信业职业道德

通信事业包括邮政、电话、电报等，它在政治、军事、生产和生活中起着十分重要的作用。据初步统计，全国每年要传送信件30亿件，汇款额几十亿元，传送报刊40亿份以上。可以说，各行业、各单位和各家各户都离不开它。通信业道德规范的具体要求主要有以下几个方面：

（一）尽职尽责，确保通信畅通

通信业的任务就是迅速、准确地为各行各业传递信息。这就要求各个岗位上的职工都尽职尽责，才能确保通信畅通。

（二）文明生产，礼貌待人

对通信人员来说，文明服务就是关心用户、尊重用户、热情诚恳、语言文明、礼貌待人。

（三）遵守通信纪律，严守通信秘密

通信事业保密性很强。机密文件、考试卷、商业情报等，都必须严格保密。即使是普通信件，也是受国家法律保护的，除法律规定的特殊情况外，非收信人都不得拆阅，通信人员更不得利用职务之便随便拆看、传抄。话务员、报务员在机上工作时，不得拒收电话、电报，不得窃听电话内容（为了工作监听长途电话是否畅通时，有时间规定），如果由于某种原因听到电话内容，或者译电员了解电报内容，必须严格遵守保密纪律，不得传播和泄露。

（四）全国一盘棋，全线一条心

树立全局观念，互相协作配合，保证通信事业的全面优质服务。

五、信息业职业道德

以网络为标志的信息化时代悄然地、迅速地向我们走来。一个崭新的世界——电脑网络的世界正在形成。它将科学家们呐喊多年的“信息革命”变成事实，它为商界人士带来巨大商机，它使一切领域中的信息处理和交换都可以利用网络来实现，从而大大地提高了质量和效率。信息互联网络的飞速发展，在将人类带入一个全新世界的同时，这门科学技术实践产生的负面效应以及伦理问题也相伴而生，如在网络上出现的“电脑黄毒”以及侵犯个人隐私、窃取机密、电脑病毒发作、沉积信息垃圾以及网络犯罪等。所以，神奇的信息网络绝非一个完美无缺的神话，它正将人类带入一个祸福并存的世界。同时，也对我们用以约束行为、维护社会秩序的传统习俗、伦理道德、法律规则等提出了全面的挑战。

目前，人们对电脑网络的本质认识还不是很清晰，对信息伦理的研究还远远不够，有关信息工作者的道德规范和法律规范还远未建立。对每一个信息工作者来说，自觉的伦理道德约束显得尤为重要。就目前而言，至少应该遵循如下几项职业道德规范：

（一）道德自律

所谓道德自律，即作为道德主体的人在理性、良知的指导下对现实道德关系（或社会道德准则）认知的一种自我约定，是道德主体对行为的一种自由自主的选择与责任。它强调的是人的自觉意识、理性选择、良心自省、自我责任。信息工作者要不断强化这种自律意识。从善良的基点出发，以对他人负责任的态度，遏制并逐步消除不良的欲望。做到不利用电脑网络发泄个人私欲、私愤，不传播肮脏的黄色信息，自觉地抵制有违人类伦理精神、有害社会道德风尚的信息。

（二）保守各种机密

信息是信息社会的宝贵资源，这就要求每一个信息工作者必须增强保密意识，在利用电脑网络传播信息的时候，注意分辨公开与秘密的界限，提高信息保护的自觉性。

我国法律禁止传播有关国家决策、国防建设和武装力量活动、外交和外事活动中的秘密事项，以及有关国家经济和社会发展、科学技术发展的秘密事项等。

对涉及企业生产专利、产品商标、技术合同、雇佣合同、营销策略、营销网络等的关键信息要自觉加以保护，不可随意披露。

（三）尊重、保护个人隐私

个人隐私是指自己不想让他人知道的信息，自然也是不宜在网络上任意传播的信息。这些信息主要包括：①敏感信息，如生理与心理特征、年龄、籍贯、出身、婚姻、学历、病历、犯罪历史等，以及思想信念、宗教信仰、政治态度等；②顾客信息，如工资收入、个人财产、家庭构成、消费倾向、业余爱好等；③信用信息，如储蓄、国债、股票、保险、借贷、纳税情况等金融信息。

个人隐私的公开权、发布权只能属于公民个人，除法律规定外，任何人在未经许可的情况下，不可利用信息网络公开传播他人信息。

（四）自觉提高防范意识

随着社会信息化进程的不断加快，信息犯罪成为日益严重的社会问题，给国家安全和主权、知识产权以及个人信息权等带来了很大的威胁，尤其是计算机犯罪案件急剧增加，已经造成了严重的社会危害。我国的社会信息化水平还处于较低水平，网络化程度也不高，信息犯罪问题还不像发达国家那样突出。但是，近年来，各种形式的信息犯罪活动时有发生。这就要求信息工作者要提高对信息安全性的认识，自觉增强工作责任感，提高防范意识，做好相关信息的保护工作，这也应该成为信息工作者职业道德的重要内容之一。

第四节　服务行业职业道德

服务行业，就是利用一定的场所、设备和工具，为社会生产和人民生活提供劳务的经济部门。服务业是第三产业中部门最多的行业，包括饮食业、服装加工业、住宅服务业、出租汽车业、旅游业、咨询业、医疗保健业、金融证券业等。

服务业的基本特征是不生产有形的物质产品，以劳动服务来满足消费者的需要。因此，顾客至上、优质服务就成为最基本的职业道德规范。

一、金融业职业道德

（一）金融业是专指从事货币信用、货币流通、货币经营等经济活动的行业

金融业包括银行、信用社、保险公司、信托投资公司、证券公司等。邓小平在1991年1月视察上海时曾指出："金融很重要，是现代经济的核心。金融搞好了，一着棋活，全盘皆活"，深刻地揭示了金融在现代经济中的地位和作用。

我国金融事业发展迅速，从业人员也在不断增加。但是相当多的金融机构缺乏对从业人员的有效监督机制，违规经营和金融犯罪时有发生。从尼克·里森越权违规交易形成巨额亏损，从而导致英国巴林银行倒闭这一金融风险案例中，我们可以看到，大力加强金融职业道德教育，强化金融工作者的道德自律意识，具有极为重要

的现实意义。

（二）金融职业道德是社会主义职业道德体系的一个重要组成部分

由于金融工作的特殊性，金融职业道德又具有自己的特点和内容。中国人民银行提出的全国金融系统的职业道德是："严守信用，秉公廉洁，竭诚服务。"其他各金融机构也根据自身的特点，提出了自己的职业道德原则和要求。例如，中国银行所制定的职业道德原则是："信誉至上，优质服务，廉洁奉公，为国创汇。"具体讲金融工作者的职业道德主要包括以下几项内容：

1. 诚实守信

金融的基础是信用。客户相信银行的信用才肯在银行存款，银行同样要根据客户的信用来决定是否给予贷款。保险公司能信守合同、及时赔付，客户才会踊跃投保。证券公司能按客户意愿准确、快捷代客买卖才能门庭若市。信用是金融业经营的灵魂，是谋取生存发展的极重要的条件和手段。从各种金融风险案例中可以看到，一旦发生信用危机，再庞大的金融机构也有可能轰然倒塌。"信誉至上"已经成为金融业经营管理的一项重要原则，这就要求金融行业的广大职工自觉维护本单位的信用，以取信于顾客。

（1）以诚实取信。金融机构和客户如何建立良好的信用关系？诚实才是上策。金融机构在公众心目中的形象是以信任为基础的，而诚实无欺是信任的前提。从古到今，生意人都喜欢向顾客打出"诚实无欺"的旗号，其中有很多人也确实身体力行，因为他们深深懂得"老实人终有所获"这个生意秘诀。金融机构是做货币生意的，坚持公正、公平、公开的原则，信用合同，诚实无欺就更为重要了。银行拖延解付汇款、延压客户凭证、延付大额取款，保险业搞虚假、片面的宣传，保险理赔借故拒赔、惜赔，证券从业人员提供虚假资料、散布谣言、哄抬或压低价格等，都是不诚实的行为，是违反金融职业道德的。

（2）以质量取信。无论是存、取、贷、还、转账结算，还是承保、理赔和办理证券业务，都要严格按各项规章制度去执行，防止出差错，保证工作质量，为客户树立严谨、规范的职业形象。

2. 遵纪守法

金融工作者每天都要和钱打交道，要求要有很强的自律性。否则，为金钱所诱发的贪欲，将会完全将人俘虏，并一步步将其导向深渊。

金融政策、法规和金融职业道德，都是金融工作者从事金融职业活动的行为规范。政策、法规的很多内容、要求与金融职业道德是共同的、一致的。金融法规中体现了廉洁奉公、忠于职守的金融职业道德内容。严格履行有关金融政策，遵守有关法规应该作为金融工作者最基本的职业道德要求。

3. 严守秘密

各金融机构集中收付、保管着大量的货币，数千万的机关、团体和企事业单位的资金往来在金融机构的账目上显现，广大老百姓省吃俭用下来的积蓄记在各种金融机构的账目上，国家重要经济、金融的机密情况都能够通过各类金融机构得以反映出来，所以金融机构的安全至关重要，一旦出现重大问题，将会使国家的经济发展以及人民群众的生活遭受损失，甚至影响社会的稳定，后果不堪设想。因此，严格保守金融秘密，自觉捍卫金融机构的安全，便成为每一位金融工作者特殊的职业道德责任。

4. 优质服务

金融职业道德的核心内容是优质服务。金融的本质是为社会经济发展提供服务的，服务得越好，表明其自身功能发挥得越好，自身价值也越大。

优质服务的主要内容包括：整洁、美观、舒适的营业环境；有效的安全措施和便民措施；科学合理的营业时间；迅速准确的工作效率；科学的劳动组合分工；热情、亲切的服务态度；等等。优质高效的服务是金融机构争取客户的非价格因素，西方一些银行家曾把银行家为其顾客提供的各种服务称为“历史上最伟大的捐赠”。

金融工作是一项具有特殊重要意义的职业，它对金融工作者职业道德水平提出很高的要求，一旦金融工作者放松了道德要求，就很容易沦为金钱的奴隶，轻者一步步走上自毁前程甚至自毁人生的犯罪道路，重者为金融机构带来灾难性打击，甚至会危及整个国民经济的健康运行，引起社会动荡。因此，加强广大金融工作者职业道德修养是非常重要的。

二、旅游、餐饮服务人员的职业道德

旅游业是为国内外旅游者提供旅行游览服务的行业总称。包括旅行社和由旅游饭店组成的旅游服务中心，以及为旅游活动服务的交通运输、娱乐场所、旅游景区、旅游地特产、纪念品制造和销售行业等。

在我国古代，早就有相当丰富和活跃的旅游活动了。与此同时，也就出现了反映旅游活动相互关系的道德意识、道德情感和道德规范。例如，“有朋友自远方来，不亦乐乎”、“主随客便，宾至如归”等。不过，由于当时社会经济条件的限制，旅游服务还没有形成独立的行业。

新中国成立后，我国逐渐建立起自成体系、独具特色的现代旅游业。尤其是中共十一届三中全会以来，我国的旅游业真正进入了健康发展的新阶段。从最近几年的情况来看，我国旅游业发展的速度是十分惊人的，它作为一项新兴的产业，具有投资少、见效快、收益大、创汇多等特点，并能促进交通、航空、邮电、建筑、商业、农副业、轻重工业等经济部门的发展。旅游业已成为我国国民经济发展的一个新的增长点。

旅游业的发展和其在国民经济中的重要作用，给旅游工作者的服务质量和职业道德素质提出了更高的要求。

（1）热情友好，宾客至上。热情友好、宾客至上是指热忱地欢迎顾客，尽最大的努力满足消费者的合理要求，这是社会和职业对此行业特殊的要求。

（2）真诚公道，信誉第一。真诚公道、信誉第一是旅游、餐饮业的重要道德规范。它要求旅游、餐饮服务人员必须从维护顾客的实际利益出发，做到真诚相待、经营公道、注重商业信誉。古人常说："诚招天下客，信从誉中来"，只有真诚公道地对待每一位顾客，向他们提供优质服务，才能树立良好的信誉和形象，才会有丰富的客源，餐饮业才会兴旺发达。

（3）文明礼貌，优质服务。文明礼貌、优质服务可以说是旅游、餐饮服务业的生命，它直接关系到旅游、餐饮服务业的声誉、客源和经济效益。它要求旅游、餐饮服务人员：第一，要真诚对待每一顾客，让顾客有种宾至如归的感受。第二，保持"善意的微笑"。微笑在公共关系中被称为"世界语"，是公认的社交场合的"高级润滑剂"，微笑一点，中国的服务业就会前进一大步。第三，文明、礼貌的语言。第四，保持环境优美、食品用具卫生。

（4）不卑不亢，一视同仁。所谓不卑就是不自卑；不亢，就是不高傲。要求旅游、餐饮服务人员在接待客人时，既要热情友好，尊重每一位客人，又要自尊、自爱、自信。一视同仁就是要求我们在各种顾客面前不分厚薄，尊重顾客的人格，维护顾客的合法权益，真诚地为顾客服务。

（5）钻研业务，提高技能。丰富的业务知识和高超的服务技能是为顾客服务的工具和手段，只有掌握丰富的业务知识和过硬的技能，才能实实在在地为顾客提供优质服务，才能尽到自己的职业责任，才能为企业赢得声誉。

随着我国经济发展和产业结构调整，作为第三产业的服务业在整个国民经济中的地位和作用越来越重要。因此，加强服务业的职业道德建设，对于社会主义现代化建设具有重要意义。

学以致用

几位年轻的游客一下火车就拿着行李驱车来到旅行社，他们强烈"抗议"导游的所作所为。并且要求旅行社赔偿其经济损失和对导游进行处分。事情经过是这样的：这几位年轻的游客参加旅行社组织的某地八日游活动，按照旅游合同规定，游客用餐自理，往返行程为“一飞一卧”（去是乘飞机，返是乘火车）。游客抵达目的地后，他们对当地导游的讲解及安排游览活动等都有意见，时常当着大家的面，向地陪提意见。为此，地陪心里憋着一股气。以后，游客对地陪的意见越来越大，双方矛盾越来越尖锐。一天，由于这几位年轻的游客在吃午餐时喝了一点酒，过了集合时间。因此，地陪采取“报复”手段，不等他们吃完饭，就擅自让旅游车开走，致使他们只能报警，通过当地公安部门的帮助才算找到了旅游车……

请分析案例中地陪的行为违反了哪些职业道德，应该怎么处理。

某四星级酒店总经理与两位客人在咖啡厅商谈业务，服务员上来倒咖啡，其中一位客人因胃口不适，要了红茶。之后总经理去接电话，两位客人也去了洗手间。等大家都回到座位上时，桌上的杯子里都加满了咖啡。客人问一位服务员：“怎么这杯茶也倒成了咖啡?”服务员马上解释：“这不是我倒的，我去问一下是谁倒的。”说完，转身走了。不一会儿，过来告诉客人是吧台上的一位服务员倒的。说完，转身又走了。

请分析服务员的处理违背了哪些职业道德规范。

第五节　管理工作职业道德

管理是由一个人或更多的人来协调一个社会群体、社会组织的活动。管理的历史同人类社会的文明史一样古老和悠久，凡是有协作劳动存在的地方，都有管理存在。现代人类社会生活和生产活动从广度和深度上都是古代所不能比拟的，管理在现代社会经济发展中起着非常重要的作用。

管理的对象是人、财、物以及信息和时间。这就决定了管理活动的主要内容，就是要处理纵横交错的各种人际关系和利益关系。在协调和处理各种关系的过程中，管理者的素质是至关重要的。英国著名管理学家罗杰·福尔克曾说过："品德和才智作为管理人员的素质是不可分割的，品德加才智就是一种好领导。"在长期的管理实践中，社会对管理者的职业素质提出了更高的要求，并在管理实践中自发形成管理者的职业道德规范。

管理这一概念，是对各种管理的统称。它可以细分为经济管理、行政管理、企业管理等种类。不同的管理工作者因其管理的具体对象和内容不同，其职业道德规范也有所不同。为了充分体现各种管理的具体特征，使各种管理工作者有相应的应遵循的道德标准，我们对会计、企业管理等工作者的职业道德阐述如下。

一、会计工作者职业道德

会计是经济管理的重要组成部分。它是以货币为主要计量单位，通过一系列科学方法对各行业经济活动进行全面、系统、连续、综合的核算和监督，并在此基础上对经济活动进行分析、预测和控制的一种管理活动。会计工作对加强经济核算，提高经济效益，维护财经纪律，保护财产、物资的安全与合理使用具有重要作用。为保证会计工作顺利进行，会计工作者应遵循如下主要职业道德规范。

想一想

2002 年 11 月 19 日，朱镕基同志在第 16 届世界会计师大会闭幕式上的演讲时指出"在现代市场经济中，会计师的执业准则和职业道德极为重要。诚信是市场经济的基石，也是会计执业机构和会计人员安身立命之本"。请结合近年来国内外出现的会计造假事件，谈谈你对这段话的理解。

（一）诚信为本，不做假账

市场经济是信用经济、契约经济，注重的就是诚实守信。可以说，诚信是维护市场经济步入良性发展轨道的前提和基础，是市场经济社会赖以生存的基石。江泽民同志指出："没有信用，就没有秩序，市场经济就不能健康发展。"正是因为会计工作在经济建设中的特殊地位和作用，会计诚信更加重要，也更加必要。会计人员诚实守信的道德观念如何，将直接影响会计信息的真实性和完整性。朱镕基同志讲话既是对《会计法》等法律要求的高度概括，抓住了当前会计工作存在的主要问题，又是会计人员应当遵循的基本原则和道德规范，与依法治国、依德治国方针和"三个代表"重要思想一脉相承。

会计是诚信行业。如果会计失之诚信，弄虚作假，欺诈舞弊，会计关系得以存在的基础就会随之崩塌，会计业的生命力也就随之完结。近年来暴露的美国"安然"、"世通"事件，我国的"琼民源"、"红光实业"、"银广夏"等一系列会计舞弊欺诈案件以及与之相关联的审计失败的案例，使会计业的公信力受到严峻挑战，对会计业的发展带来了严重的不利影响。

读故事

晓东电子公司会计赵丽因工作努力，钻研业务，积极提出合理化建议，多次被公司评为先进会计工作者。赵丽的丈夫在一家私有电子企业任总经理，在其丈夫的多次请求下，赵丽将在工作中接触到的公司新产品研发计划及相关会计资料复印件提供给其丈夫，给公司带来一定的损失。公司认为赵丽不宜继续担任会计工作。

（二）当好参谋，严于监督

财会人员往往是一个单位的"管家"，肩负着反映、监督和参与经营管理决策的职能。财会人员应全面掌握本单位的财会资料，准确无误地向有关领导反映单位的财务状况，提出科学合理的建议、方案和措施，协助领导做好经营决策和经营管理。

会计部门是对人力、物力、财力的价值形态进行综合核算、监督和管理的重要部门，是维护国家财经制度与财经纪律的重要执行者，其整个会计活动也必须以国家立法机关或行政机关制定的会计法律、法规为准绳。“依法理财、依法核算”既要国家赋予会计工作者在其岗位上必须遵守的重要职业规范。依法理财，要求会计工作者做到：遵纪守法，严格监督；洁身自爱，严于律己；铁面无私，努力奉献。

（三）珍惜资源，讲究效益

我国的经济建设是在人口多、底子薄、人均资源相对短缺的情况下进行的。一切经济工作，都应以合理有效利用资源、提高经济效益为原则，做到合理安排现有的财力，增收节支，少花钱，多办事。这就要求会计工作者做到精打细算、科学理财。

（四）守法奉公，顾全大局

财会人员掌管钱财，一方面，他们极易受到金钱的诱惑；另一方面，也容易成为不法分子进攻和腐蚀的对象。因此，财会人员要以国家和人民利益为重，品行端正，公私分明，不牟私利，不贪不占。做到“常在河边走，就是不湿鞋”，“万金过手，分文不差”，为国家和人民管好钱财。这是对财会工作者最起码的道德要求，也是衡量一个人能否从事财会工作的重要标准。

财会工作具有综合性、交错性，因而会计工作者在筹集资金、分配资金、使用资金时，一定要聚财有理、聚财有方、聚财有度，正确处理中央与地方、国家与企业的分配关系，要顾全大局，统筹兼顾。

读故事

安徽人王某，23 岁，大学专科毕业后分配到某市一国债服务部，担任柜台出纳兼金库保管员。1999 年 5 月 11 日，王某偷偷从金库中取出 1997 年国库券 30 万元，4 个月后，王某见无人知晓，胆子开始大了起来，又取出50万元，通过证券公司融资回购方法，折借人民币89.91万元，用来炒股，没想到赔了钱。王某在无力返还单位债券的情况下，索性于1999年12月14日、15日，将金库里剩余的14.03万元国库券和股市上所有的73.7万元人民币全部取出后潜逃，用化名在该市一处民房租住隐匿。至此，王某共贪污1997年国库券94.03万元，折合人民币118.51万元。案发后，当地人民检察院立案侦查，王某迫于各种压力，于2000年1月8日投案自首，检察院依法提起公诉。

二、企业管理者职业道德

作为企业的领导者和负责人，企业管理者在企业中居于主导位置，执掌着各种权力，担负着相应的责任。在管理活动中，他们既要贯彻党和国家的路线、方针、政策，执行上级的指示、命令，完成上级下达的任务，又要根据社会经济发展的客观规律，正确处理国家、集体和职工三者之间的利益关系，还要协调各种关系，使人尽其才，物尽其用，以取得科学管理的最大效益。因此，社会和职业对他们有极为严格的道德要求。

（一）敬业勤政

敬业勤政，是对管理工作者的最基本的职业道德要求。而要做到这一点，管理工作者必须要有事业心和使命感。随着市场体系的建立，企业间竞争日趋激烈，管理工作者应该以追求管理目标的实现，以社会之发展为己任，必须有勇气去承担市场风险，而且要经常关注、研究市场，善于捕捉时机，主动出击，为企业赢得先机和利益。

（二）不牟私利

古人讲：“政在去私，私不去则公道亡。”这就是说，摈弃私心，公道处事，秉公而行，不牟私利，是企业管理者应当具备的最基本品质。各级管理工作者，必须以强烈的责任感，正确认识和使用手中权力，奉献在先，兢兢业业地为国家和人民谋利益，掌好权，用好权。

（三）秉公办事

其身正，不令而行；其身不正，虽令不从。管理能否起到作用，在很大程度上取决于管理者是否公正。我国许多企业家、厂长根据自己的实践经验也深刻地认识到了这一点。有个厂长说："靠职务权威不行，重要的是信任权威。要做到这一点必须作风正派，为人正直，严于律己，宽以待人。"这就是说，信任权威主要是靠管理者的道德素质来实现的。秉公办事就是要公正，公正的基本原则包括分配公正、理财公正、用人公正和办事公正。

（四）平等待人

平等待人是公正原则在人际交往中的要求。对管理者来说，首先是要尊重被管理者，同时也要平等地对待自己管理班子的成员，对他们要以诚相待，加强与他们之间的沟通与联系，对待管理自己上级，也要坚持原则，心口如一，不弄虚作假，不隐瞒自己的观点。

（五）造福社会

忠于国家、造福社会既是一种高尚的企业家精神，也是企业管理者应该奉行的一条重要的职业道德规范。企业管理者在追求经济效益最大化的同时，还必须追求企业活动的社会效益，要以创造社会财富、振兴民族经济为己任，决不能生产损害人们的身心健康、生命财产安全和污染环境的产品。我国著名实业家、爱国华侨陈嘉庚先生认为，"人身之康健在精血，国之富强在实业"，因而他把"挽回利权，推销出品，发展营业，流通经济，利益民生"作为生产经营的准则。"以德为先"、"顾客至上"、"把方便送给顾客，把困难留给自己"的企业精神，也值得所有企业管理者学习、借鉴。

（六）团结协作

对于企业管理者来说，团结协作也是行使好自己的职权，发挥好自己的作用的重要保证。俗话说"人心齐，泰山移"，管理者只有既得到上级管理者的充分信任，又得到下级职工和其他管理者的充分支持，在企业内形成一个积极向上、干事创业的和谐环境，才能有效地发挥自己的才能，从而实现自己的管理目标。

（七）作风民主

作风民主是管理工作者在管理活动中所要遵循的职业道德规范。在社会主义市场经济条件下，企业是市场的主体，企业管理者的权力越来越大。如果管理者家长作风严重，事事个人说了算，大权独揽，独断专行，不但有损于民主的真义，而且最终损害的是企业的利益。

学以致用

请同学们课外搜集任长霞的事迹，并分析她的事迹所体现的行业职业道德。